智能变电站
电子式互感器应用技术

国网辽宁省电力有限公司电力科学研究院　编

ZHINENG BIANDIANZHAN
DIANZISHI HUGANQI
YINGYONG JISHU

中国电力出版社
CHINA ELECTRIC POWER PRESS

内容提要

本书以电子式互感器的工程运行情况为依据，介绍了其原理、工程配置方案、运行情况及改进措施，并对最新的技术发展和新一代产品标准进行了阐述。

全书共七章，主要内容包括电子式互感器基本原理，罗氏线圈互感器、光纤电流互感器、磁光玻璃电流互感器、晶体光阀光学电流互感器、光学电压互感器等各类电子式互感器的产品及示范工程中出现的问题及对策，电子式互感器工程技术发展。书后附录 A~ 附录 D，列出光纤电流传感器传感光纤关键技术，支柱式罗氏线圈与电容分压电子式电流电压组合互感器，外置式光学电子式电流互感器和电子式互感器术语及定义。

本书可供电力企业生产运维人员、科研院所研究人员、电子式互感器制造企业技术人员、电力二次设备制造企业技术人员和高等院校师生阅读使用。

图书在版编目（CIP）数据

智能变电站电子式互感器应用技术 / 国网辽宁省电力有限公司电力科学研究院编 .—北京：中国电力出版社，2014.4

ISBN 978-7-5198-2795-3

Ⅰ.①智… Ⅱ.①国… Ⅲ.①智能系统—变电所—互感器 Ⅳ.① TM63-39

中国版本图书馆 CIP 数据核字（2018）第 282321 号

出版发行：中国电力出版社
地　　址：北京市东城区北京站西街 19 号（邮政编码 100005）
网　　址：http：//www.cepp.sgcc.com.cn
责任编辑：薛　红（010-63412346）
责任校对：黄　蓓　朱丽芳
装帧设计：王英磊　郝晓燕
责任印制：石　雷

印　　刷：三河市百盛印装有限公司
版　　次：2019 年 4 月第一版
印　　次：2019 年 4 月北京第一次印刷
开　　本：710 毫米 ×1000 毫米　16 开本
印　　张：13.5
字　　数：237 千字
定　　价：56.00 元

编写人员名单

主　　编　葛维春

副 主 编　于同伟　李希元　王鹏举　李树阳　吴志祺　周　翔

编写人员　刘爱民　孔剑虹　朱　钰　郭志忠　黄　旭　田志国
邵宝珠　钱　海　曲　研　张宏宇　张志鑫　陈　硕
罗苏南　黄　勇　王　刚　崔文军　凌　清　王利清
殷　鹏　吴兴林　欧阳强　李洪凯　刘盛乾　于　泳
李　鹏　杨　飞　张国庆　冯　柳　张　峰　张生营
吴化君　郑永健　李青春　郑　健　王　同　韩　月
于　游　洪　鹤　丛培元　李海龙　朱元成　由　洋
孙　峰　宋　丹　王贵忠　龚　平　张武洋　孙　扬
刘占元　李籽良　袁　亮　卢　岩　须　雷　郑志勤
解晓东　史松杰　侯继彪　蔡玉鹏　吴　蒙　牛晓晨
刘　杨　李　桐　卢盛阳　司　磊　张　韦　侯咏春
李锡忠　吴雪伟　曾　辉　李家珏　黄　未　周家旭
李　伟　陈兴伟　付美玲　毛文奇　苗永新　陈毕波
李　璐　于永良　杨东升　黄　杰　李鹏里　乔　石
吴海龙　汪和龙　田　鹏　范广良　孙海江　常舒华
李兆祺　于少非　蒋　南

前 言

电子式互感器区别于电磁式互感器的典型特征是对于磁场量测的方式。电子式互感器从磁场中获取的能量极其微小，因此对电力系统的影响几乎为零。电子式互感器需要自己提供能量完成传感功能。电子式互感器的输出通过数字通信方式供其他二次设备使用。

电子式互感器作为数字化先锋，伴随着我国智能变电站发展经历了三个阶段。第一阶段是 2012 年以前，随着智能变电站示范工程的建设，各种原理的电子式互感器开展挂网与工程示范工作，由于产品成熟度不够、运行经验不足，该阶段产品运行可靠性较差。第二阶段是 2013 ~ 2016 年，新一代智能变电站开展试点和扩大试点工作，一共 56 座变电站采用电子式互感器，运行可靠性较好。第三阶段是 2017 年至今，随着第三代智能变电站技术发展，各大制造商联合推进电子式互感器标准化，质量水平得到提升。电子式互感器进一步提升运行可靠性，支持免配置不停电运维，支持行波测距和数字计量，接口和通信规约实现标准化。随着第三代智能变电站的建设，电子式互感器迎来新一轮发展机遇。

电子式互感器种类较多，原理多样，成熟度和应用场景又各有千秋，因此其中的关系略显复杂。本书尝试通过实际工程的阐述让大家了解电子式互感器的实际情况，为电子式互感器进一步发展做出一定的贡献。

由于编者水平的限制，书中不免有疏漏之处，请各位读者不吝赐教，如需进一步交流和更详细资料可与作者联系。

编者

2018 年 12 月

前言

目 录

1　电子式互感器基本原理

1.1　电子式互感器概述

互感器的作用是将一次电压和电流变换为可供二次设备使用的低压信号，同时，实现一次设备与二次设备间的隔离，保证工作人员和二次设备的安全。互感器是变电站用量最大的设备之一，基于电磁感应原理的常规互感器存在体积庞大、频率响应特性差、线性范围小等缺点。智能电网的快速发展，为电子式互感器的发展带来了机遇，数字化、智能化、传感器化成为互感器发展的新趋势。近年来，电子技术、激光技术、光纤技术的不断进步，多种新型原理的互感器应运而生，这类互感器的共同特点是采用光纤将高压与低压侧隔离，并将电流、电压转变为数字量输出，这类互感器统称为电子式互感器。电子式互感器作为智能变电站的基础设备，其发展和应用受到了广泛的关注。

1.1.1　电子式互感器的特点

与传统互感器相比，电子式互感器具有如下突出特点：

（1）绝缘性能优良。电子式互感器采用光纤作为信号传输介质，实现了高压与低压的电气隔离，使绝缘问题大大简化，提高了互感器的可靠性，降低了成本，电压等级越高，这种优势越明显。

（2）频响范围宽，动态范围大。电子式互感器已被证明可以进行谐波、暂态以及直流电流的测量，测量频率范围涵盖广，具有很大的动态范围，额定电流可从几百安培到几千安培，过电流范围可达几万安培。

（3）结构紧凑，易于与其他设备集成。事实上，电子式互感器已将传统互感器转变为一种传感器，很容易集成到其他高压设备，如高压断路器，或者电流、电压互感器集成为一台设备，有效提高了设备集成度及可靠性，使变电站的结构更加紧凑，大大减小了建设用地。

（4）数字化输出。电子式互感器是智能变电站的基础，它将被测一次电流、电压直接转变为数字量输出，与保护、测控、计量及一次设备智能化部分有机融合。

凭借着上述优势，电子式互感器得到越来越广泛的重视，随着可靠性、稳定性的不断提升，应用前景将日益广阔。

1.1.2 电子式互感器的研究现状

国外对于电子式互感器的研究已有 30 多年的历史，投入了较大的资金和人力，不断推进电子式互感器的发展，相关行业的一些大公司已迈向产品化、市场化的道路。其中，ABB、西门子、阿尔斯通等公司生产的电子式互感器已有十几年的成功运行业绩，采用电子式互感器的数字化变电站在欧洲也已经投入运行。施奈德电气、美国的 Photonic Power System 公司、德国的 RITZ 公司等公司也在电子式互感器方面进行了一系列的研究。三菱、东芝等公司都已开发或正在开发一系列的电子式互感器产品，并有现场挂网。

我国电子式互感器的研制和工程应用超前于国外，至今经历了三个发展阶段。第一阶段是 2012 年以前，随着智能变电站示范工程的建设，各种原理的电子式互感器开展挂网与工程示范工作，由于产品成熟度不够运行经验不足，该阶段产品运行可靠性较差。第二阶段是 2013 ~ 2016 年之间，新一代智能变电站开展试点和扩大试点工作，一共 56 座变电站采用电子式互感器，且运行可靠性较好。第三阶段是 2017 年至今，随着第三代智能变电站技术发展，各大制造商联合推进电子式互感器标准化，质量水平得到提升。电子式互感器进一步提升运行可靠性，支持免配置不停电运维，支持行波测距和数字计量，接口和通信规约实现标准化。随着第三代智能变电站的建设，电子式互感器迎来新一轮发展机遇。

1.1.3 电子式互感器的发展趋势

（1）高可靠性。电子式互感器由于使用了大量的光器件与电子元器件，容易受到外界电磁干扰、振动应力及温度等因素的影响，而降低其运行的可靠性。而电子式互感器作为连接一次侧与二次侧的关键设备，是智能变电站测量监测、控制及保护的数据源头，其运行可靠性直接关系到了智能变电站的运行安全。因此，进一步提高电子式互感器在复杂电磁环境、强应力振动条件及宽温度范围内的运行可靠性是下一步发展的目标。

（2）高度集成化。电子式互感器由其工作原理决定，具有一次结构简单、体积小、重量轻等优点，可以十分方便的与变压器、断路器、隔离开关及套管等一次主设备集成。而未来智能电网的发展所要求的绿色环保、节约占地，对设备的集成化提出了更高的要求，电子式互感器是智能电网建设的唯一选择。

（3）智能自诊断技术。电子式互感器使用了大量光电器件，其长期运行可靠性低于一次主结构。电子式互感器应建立完善的智能自诊断系统，在部分器件达到工作极限或出现工作异常时，能迅速定位出相关的信息，提醒运维人员进行检修，并将异常信息传递给自动化设备与保护设备，防止因此产生的误动作等。

（4）标准化。目前，电子式互感器测量原理较多，结构多样，甚至不同厂家生产的相同原理的电子式互感器仍存在差异，不能保证产品的互换性。未来的电子式互感器应实现一次传感器、采集器以及合并单元的标准化，保证不同厂家产品的互换性,为互感器的使用和运维提供便利。2003 年发布的 IEC 61850–9–1《变电站通信网络和系统　第 9–1 部分：特定通信服务映射 – 通过单向多路点对点串行通信链路的采样值》和 IEC 61850–9–2《变电站通信网络和系统　第 9–2 部分：特定通信服务映射（SCSM）– 通过 ISO/IEC 8802–3 的采样值》标准对合并单元的设计以及电流、电压采样值的传输提出了明确的要求；2007 年发布的 GB/T 20840.7—2007《互感器　第 7 部分:电子式电压互感器》和 GB/T 20840.8—2007《互感器　第 8 部分：电子式电流互感器》明确了电子式互感器的定义、组成、配置方式、输出接口以及相关试验标准。近几年我国在建设的智能变电站中，电子式互感器有了较为广泛的试点运行，积累了很多的运行、维护及检测方面的经验，相关的国家、行业及国家电网公司企业标准正在修订中。

（5）计量应用。近几年，国家电网公司开展的电子式互感器应用试点、示范工程中，均只用于测控与保护系统中。随着电子式互感器技术的发展，其稳定性可达到传统电磁式互感器的水平，而电子式互感器频带范围较宽，并可进一步提升，其谐波计量特性大大优于传统电磁式互感器，可提高复杂条件下计量的准确性。因此，电子式互感器在计量上的应用也是必然趋势之一。

1.2　电子式电流互感器

1.2.1　基于电磁感应原理的电子式电流互感器

基于电磁感应原理的电子式电流互感器主要包括两种类型：低功率铁芯线圈

型和空心线圈型两种。实际应用中二者通常配合使用，低功率铁芯线圈型用于计量，空心线圈用于保护与测控。采用罗氏线圈单线圈同时满足保护和计量应用是技术和产品的发展趋势。

1. 工作原理

（1）低功率铁芯线圈电流互感器。低功率铁芯线圈电流互感器（LPCT）是传统电磁式电流互感器的一种发展。在智能变电站，电子电流互感器的输出功率要求很低，LPCT 可按高阻抗进行设计，在非常高的一次电流下出现饱和的特性得到改善，并显著扩大了测量范围，同时因为铁芯的存在，可以获得比较满意的测量准确级。常用做测量或计量用电流互感器。

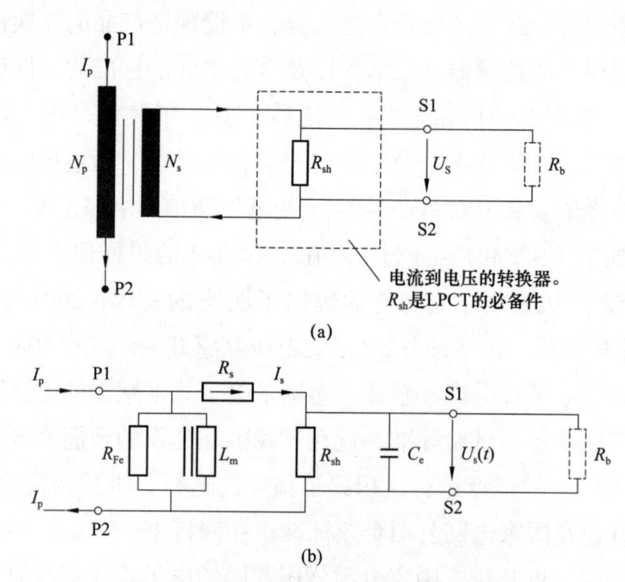

图 1–1　LPCT 原理示意图及等效电路

低功率铁芯线圈通过并联电阻 R_{sh} 将二次电流转换为电压输出，实现 I/V 变换，即 LPCT 的二次输出为电压信号。因此，LPCT 至少包括电流互感器和并联电阻 R_{sh} 两个部分，其原理示意图及等效电路如图 1–1 所示。

在铁芯上用漆包线绕制有两个绕组—匝数为 N_p 的一次绕组和匝数为 N_s 的二次绕组。根据磁动势平衡定律，在忽略励磁电流的情况下，低功率铁芯线圈二次电流为

$$I_s = \frac{N_p}{N_s} I_p \tag{1–1}$$

在一次安匝数一定时，合理选择二次绕组匝数可以确定二次电流，进而确定输出电压为

$$U_s = I_s R_{sh} = \frac{N_p}{N_s} I_p R_{sh} \tag{1-2}$$

$$I_p = \frac{N_s}{N_p R_{sh}} U_s \tag{1-3}$$

因此，低功率铁芯线圈电流互感器二次输出电压 U_s 正比于被测一次电流 I_p，相位与被测一次电流相同。

LPCT 输出功率低、测量准确度高，可达 0.2S 级。但是，由于 LPCT 带有铁芯，暂态特性较差、动态范围不够大、易饱和，因此低功耗铁芯线圈一般用做测量与计量用电流互感器，不用做保护用电流互感器。

（2）空心线圈电流互感器。空心线圈又称为罗氏线圈，它由俄国科学家 Rogowski 在 1912 年发明。如图 1–2 所示，空心线圈通常由漆包线均匀绕制在环形骨架上制成，骨架材料采用塑料或者陶瓷等非铁磁性材料，其相对磁导率与空气中的相对磁导率相近，这也是空心线圈有别于带铁芯的交流电流互感器的一个显著特征。

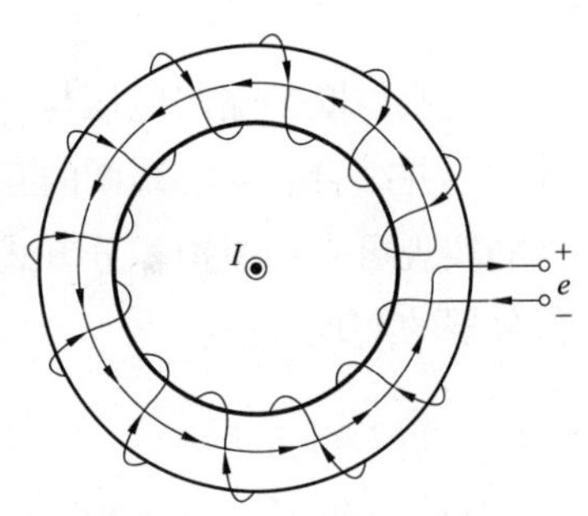

图 1–2　罗氏线圈示意图

理想空心线圈需要满足以下 4 条基本假设：

1）二次绕组足够多；

2）二次绕组在非铁磁性材料骨架上对称均匀分布；

3）每一匝绕组的形状完全相同；

4）每一匝绕组所在平面穿过骨架所在的圆周的中心轴。

一次导体从空心线圈中间穿过，当空心线圈的小线圈包围的面积非常细小且绕制非常均匀时，根据电磁感应原理，可得线圈两端的感应电压为

$$e = -M\frac{\mathrm{d}i(t)}{\mathrm{d}t} \tag{1-4}$$

式中　M——空心线圈的互感系数；

$i(t)$——被测电流，A。

如图 1–3 所示，如果采用矩形截面环形骨架，则穿过矩形截面磁通为

$$\varphi = \int B\mathrm{d}s = \int \frac{\mu_0 Ih}{2\pi r}\mathrm{d}r = \frac{\mu_0 Ih}{2\pi}\ln\frac{r_2}{r_1} \tag{1-5}$$

式中　μ_0——真空中的磁导率。

N 匝线圈的磁链为

$$\Phi=N\varphi=\frac{N\mu_0 Ih}{2\pi}\ln\frac{r_2}{r_1} \tag{1-6}$$

相应的感应电压为

$$e=-\frac{d\Phi(t)}{dt}=-\frac{N\mu_0 h}{2\pi}\ln\frac{r_2}{r_1}\ \frac{di(t)}{dt} \tag{1-7}$$

因此，空心线圈的互感系数为

$$M=\frac{N\mu_0 h}{2\pi}\ln\frac{r_2}{r_1} \tag{1-8}$$

空心线圈的输出电压与一次电流的导数成正比，将测得的电压信号进行积分处理，并结合该空心线圈的互感系数进行计算，即可得到被测电流的大小。积分器的实现可采用模拟积分方式，也可采用数字积分方式。图 1–4 给出了一种模拟积分器的实现方法。

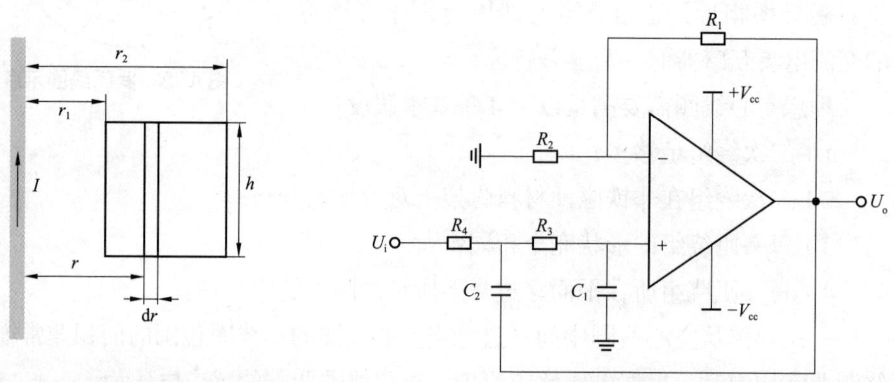

图 1–3　矩形截面骨架及导线相对位置示意图

图 1–4　空心线圈电流互感器模拟积分器原理示意图

空心线圈不用铁芯，无磁饱和现象，适合测量暂态大电流，保护准确级可达 5TPE 级。当一次电流较小时，感应电压较小，测量精度不高，因此不适用于测量用互感器。

（3）基于低功耗铁芯线圈和空心线圈的组合式电流互感器。将低功率铁芯线圈和空心线圈配合使用，充分发挥二者的优势，形成组合式电流互感器，目前已成为一种实用化程度较高的方案，如图 1–5 所示，分别采用低功耗铁芯线圈和空心线圈作为测量和保护通道的传感单元，将被测一次电流变换为模拟电压信号，

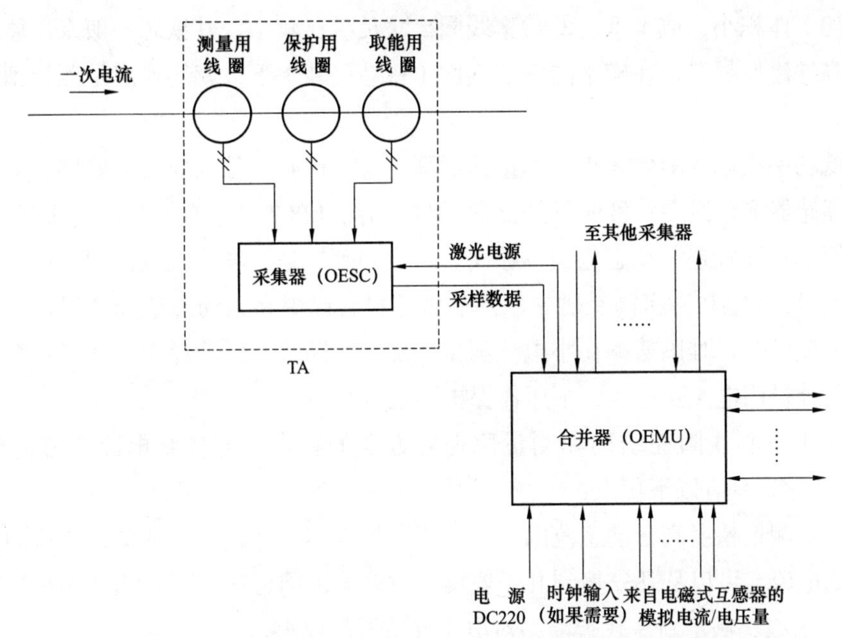

图 1–5　基于低功耗铁芯线圈和空心线圈的组合式电流互感器结构示意图

采集器的作用是通过 A/D 转换将模拟电压信号变为数字信号，同时利用光电转换将其变为光信号，并通过通信光纤传输至低压侧合并单元。

基于电磁感应的电子式电流互感器在高压侧存在电子线路，必须有电源支持才能正常工作。常用的供能方式有母线电流 TA 取能和低电位侧激光供能。一般采取复合供能的方式：一次被测电流较大时，采用高压侧辅助TA 给采集器供电；一次电流较小时，TA 供能切换成激光供能，即低压侧的半导体激光器通过供能光纤给高压侧的采集器供电。

2. 主要特点

相比于传统电磁式电流互感器，LPCT 在设计原理、铁芯材料及附加电阻的选取等方面均有所不同，主要具有以下优点：

（1）输出功率小。由于低功率线圈的负载为采集器，其输入阻抗非常大且为恒定值，因此消耗的功率非常小，低功率线圈输出功率就是取样电阻消耗的功率。与传统电磁式电流互感器相比，这种互感器输出功率要小很多，因此被称为低功率线圈。

（2）测量精度高。由于负载非常小且为恒定值，这大大提高了低功率线圈的测量精度，其测量精度可以做到同时满足 0.1 级和 0.2S 级。

（3）体积小，成本低。低功率线圈二次负载比较小，其铁芯一般采用微晶合金等高导磁性材料，在较小的铁芯截面（铁芯尺寸）下，就能够满足测量精度的要求。

低功率铁芯线圈体积小，测量精度高，稳定性好，已经成为电磁感应电子式电流互感器测量线圈一种成熟的方案。但是，由于LPCT是带有铁芯的电流互感器，存在暂态特性较差、动态范围不够大、易饱和等缺陷。虽然在设计中可通过选择合适的 R_{sh} 和饱和磁密高、磁导率高的铁芯材料以提高其动态范围，但在一次短路电流较大时，难以兼顾在小电流测量准确度。因此，低功耗铁芯线圈一般用于测量与计量用电流互感器，不用作保护用电流互感器。

由于空心线圈在结构和测量原理等方面的特点，与传统电磁式互感器或LPCT 相比，具有以下优点：

（1）测量精度高、动态范围大。由于不用铁芯，无磁饱和现象，能够测量大范围的电流，可以从几安培到几千安培，过电流范围可达几万安培，测量精度能够达 0.2S 级，满足新一代智能站对电子互感器的要求。

（2）同时具有测量和继电保护功能。由于无铁芯结构，消除了磁饱和、高次谐振等现象，一只罗氏线圈能够同时满足测量和继电保护的需求，运行稳定性好，保证了系统运行的可靠性。

（3）技术成熟。空心线圈技术已经发展了 100 多年，技术成熟可靠，性能稳定，制作成本相对其他原理互感器较低，实用化相对容易。

（4）响应频带宽，可达 0~1MHz。

（5）易于实现输出数字化，能够实现电力计量和保护的数字化、网络化和自动化。

（6）安全可靠。没有由于重油而产生的易燃、易爆等危险，符合环保要求，而且体积小、质量轻、生产成本低、绝缘可靠。

空心线圈测量精度高，稳定性好，技术成熟，也是电磁感应电子式电流互感器测量线圈的成熟方案。但在实际应用中，仍存在如下问题：

（1）易受环境影响。空心线圈受温度的影响尺寸发生变化，导致线圈互感发生改变，从而产生测量误差。需要采用适当的温度补偿方法进行抑制。

（2）易受外界磁场、电场影响。外界的磁场、电场会对空心线圈产生电磁干扰，引起测量误差。需采用屏蔽技术，如小信号屏蔽电缆技术、电磁屏蔽技术和电磁抗干扰技术。

（3）易受振动影响。空心线圈的输出受其与一次导体相对位置的影响，当一次电流较大时，因振动会对空心线圈的输出造成影响。大量的研究分析发现：在空心线圈匝数密度、线圈骨架截面积均匀的条件下，由振动引起的一次导体偏心对测量精度不产生影响。

（4）供能电源可靠性较差。空心线圈电子式电流互感器常用的供能方式除激光供能和母线 TA 取能外，其他方式如超声波供能、蓄电池供能等实用性均不高。激光供能的光电转换器效率不高，激光二极管输出功率受到限制，光电转换器件造价昂贵，大功率激光二极管的寿命有限，长期工作在驱动电流比较大的状态容易退化，工作寿命降低。母线 TA 供能存在大电流时的散热问题，一次电流过大时，容易引起二次导线发热，严重时可以导致二次导线烧毁，还存在死区问题，在一次导线电流较小时，TA 供能无法正常工作。

1.2.2　基于法拉第效应的光学电流互感器

1. 工作原理

（1）物理基础。光纤电流互感器在物理机理上基于法拉第（Faraday）效应和安培环路定律。如图 1-6 所示，Faraday 效应是指一束线偏振光在通过磁光材料时，其偏振面在外界磁场作用下将发生旋转，旋转角的大小与磁场强度沿传输路径的积分成正比，可表示为

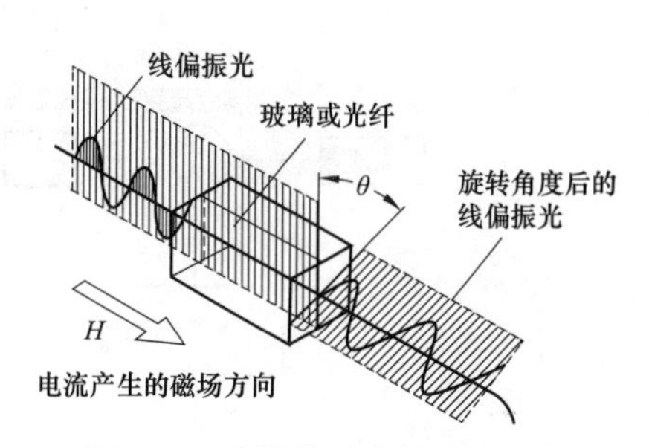

图 1-6　法拉第磁光效应原理图

$$\theta_F = \int V \cdot H \cdot \mathrm{d}l \quad (1-9)$$

式中　θ_F——Faraday 旋转角，rad；

V——磁光介质的 Verdet 常数，rad/A；

H——磁场强度，A/m；

$\mathrm{d}l$——光波传播路径上的微元，m。

光纤电流互感器采用光纤作为磁光材料敏感被测电流产生的磁场，当敏感光纤形成闭合环路时，根据安培环路定律，Faraday 旋转角可表示为

$$\theta_F = VN\oint H \cdot \mathrm{d}l = NVI \quad (1-10)$$

式中　N——敏感光纤圈数；

I——被测电流，A。

式（1–10）表明，Faraday 旋转角的大小与敏感光纤的圈数及穿过敏感环路的电流成正比。如果能够检测出光信号的旋转角，就可以得到对应的被测电流，这就是基于 Faraday 效应的光纤电流互感器的基本原理。

（2）光路原理。图 1–7 所示为光纤电流互感器原理示意图。光源发出的光由偏振器起偏变为线偏光，经 45° 光纤熔点进入保偏光纤的快、慢轴，两束正交的线偏光经相位调制器调制后沿保偏延迟光纤传输，并由 1/4 波片变为两束旋向正交的圆偏光，在被测电流的作用下，两束圆偏光之间产生相位差，经敏感光纤末端反射镜反射后沿原路返回，相位差加倍，两束正交圆偏光经 1/4 波片再次变为线偏光，但偏振模式发生了互换（原来沿保偏光纤快轴传输的光此时沿慢轴传输，原来沿保偏光纤慢轴传输的光此时沿快轴传输），两束线偏光最终经偏振器检偏并发生干涉，并由光电探测器检测干涉光强，进行后续信号处理。

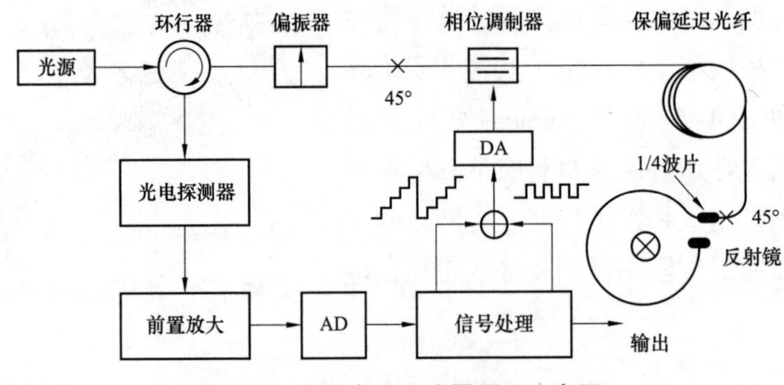

图 1–7　光纤电流互感器原理示意图

根据光纤电流互感器的工作原理，发生干涉的两束偏振光经历了相同的传输路径和模式变化，光路系统完全互易，具有很强的抗干扰能力。干涉光强只携带了 Faraday 效应产生的相位信息，经光电探测器后信号表达式为：

$$S_d = 0.5K_p L P_0 (1+\cos\varphi_F) \tag{1–11}$$

$$\varphi_F = 4NVI$$

式中　P_0——光源输出功率，W；

φ_F——Faraday 相位差，rad；

K_p——光电探测器的光电转换系数，V/W；

L——光路损耗。

（3）数字闭环信号检测原理。

1）方波调制。光电探测器输出的电压信号是微弱且噪声较大，必须采用微弱信号检测的方法提取信号。根据式（1–11），光电探测器输出信号 S_d 是相位差 φ_F 的余弦函数。由于余弦函数在零相位时斜率为零，对微小相位差反应不灵敏，所以，从式（1–11）中直接提取相位信息 φ_F 比较困难，同时不能分辨相差的符号。

如图 1–8 所示，应用方波调制技术使相差信息产生 ±π/2 偏置，使系统工作在较灵敏的区域，提高互感器的响应灵敏度；同时通过调制，在频域上将输出信号频谱由低频区迁移到高频，避开低频区的 1/f 噪声，减少了低频噪声的影响。这时，式（1–11）变为

$$S_d = 0.5K_p LP_0[1+\cos(\varphi_F \pm \frac{\pi}{2})] = 0.5K_p LP_0(1 \pm \sin\varphi_F) \tag{1–12}$$

因此，方波调制后光电探测器的输出信号是一个叠加在直流上的方波信号，其幅值反映了 Faraday 相移大小。

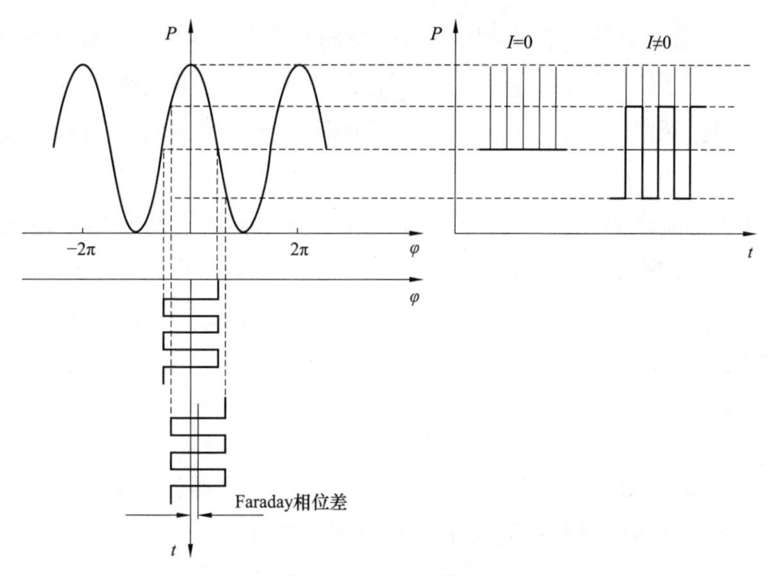

图 1–8　方波调制原理

2）相关解调。由于 S_d 是淹没于强噪声中的弱信息，利用信号和噪声不相关的特点，应用相关解调技术提取信号、抑制噪声。具体方法如图 1–9 所示，对于式（1–13）描述的方波输出结果，在正、负半周期上各取 n 个点，分别求和后相减，得到解调结果为

$$\Delta = 0.5nK_{\mathrm{p}}LP_0(1+\sin\varphi_{\mathrm{F}}) - 0.5nK_{\mathrm{p}}LP_0(1-\sin\varphi_{\mathrm{F}}) = nK_{\mathrm{p}}LP_0\sin(4NVI) \quad (1\text{-}13)$$

当电流幅值在一定范围内时，sin（NVI）≈ NVI，即解调结果与被测电流近似呈线性关系。

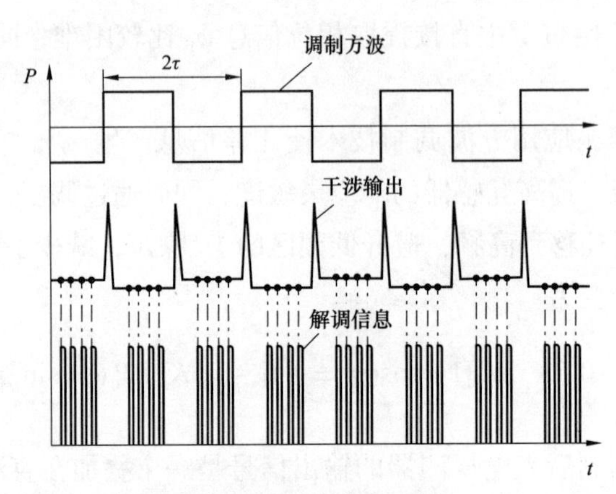

图 1–9　信号的相关解调

但是，当测量电流比较大时，存在非线性误差，并且随着输入电流增加，测量误差变大。可以采取对输出值进行修正的方法解决非线性问题，但是这项工作非常复杂。另外，由于正弦信号的周期性，此时互感器的测量范围也是非常有限的。

3）闭环反馈。为了减小系统输出非线性误差和增大动态测量范围，借鉴数字闭环光纤陀螺技术，采用闭环检测方案：在两束相干光之间引入一个与 Faraday 相移 φ_{F} 大小相等、方向相反的反馈补偿相移 φ_{R}，用来抵消 Faraday 效应相移。加入反馈相移 φ_{R} 后，探测器处输出信息为

$$S_{\mathrm{d}} = 0.5K_{\mathrm{p}}LP_0[1\pm\sin(\varphi_{\mathrm{F}}+\varphi_{\mathrm{R}})] \quad (1\text{-}14)$$

由于 $\varphi_{\mathrm{F}}+\varphi_{\mathrm{R}}\approx 0$，所以此时互感器系统始终工作在线性度最好的零相位附近区域，因此测量灵敏度最高；同时由于实现闭环检测，也扩大了系统的测量范围。这时系统的解调结果变为

$$\Delta = 0.5nK_{\mathrm{p}}LP_0\sin(\varphi_{\mathrm{F}}+\varphi_{\mathrm{R}}) \approx 0.5nK_{\mathrm{p}}LP_0(\varphi_{\mathrm{F}}+\varphi_{\mathrm{R}}) \quad (1\text{-}15)$$

对式（1–15）所述的解调结果做累加积分，形成数字阶梯波的台阶高度，一方面，作为互感器的输出，反映互感器输入电流的大小和方向；另一方面，经过 D/A 转换形成模拟阶梯波后驱动相位调制器，如图 1–10 所示，在两束相干光间

引入补偿相差 φ_R，使系统锁定在零相位上，此时，互感器的干涉余弦响应被转化为一种线性响应，有效地提高了互感器的测量线性度和动态范围。需要指出的是，无限上升或下降的阶梯波是不可能实现的，利用干涉信号的 2π 周期特性，当阶梯波寄存器溢出时，自动产生一个 2π 的相位复位，不会对互感器的测量精度产生影响。

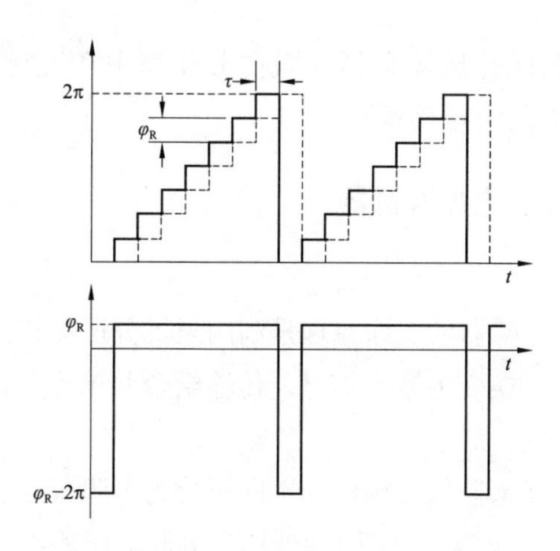

图 1-10 反馈阶梯波及其引入的相位差

2. 主要特点

（1）安全。光学电流互感器高压侧信息通过绝缘性能很好的光纤传输到低电位，使得其绝缘结构大大简化，无爆炸、二次开路、短路等危险。实际应用中，电压等级越高，其优势越明显。

（2）可靠。光学电流互感器高压侧没有电信号，不存在电磁耦合，抗干扰能力强；高低压间以光纤相连，信息的敏感与传输均以光的方式进行，避免了传统模拟信号传输过程中的电磁干扰和信号损失。与其他电学电子式互感器相比，光学电子式互感器具有更强的抗干扰能力和可靠性。

（3）准确。光学电流互感器在 –40~+70℃温度范围内测量准确度可达到 0.2 级。由于采用了闭环检测技术，光纤电流互感器无饱和现象，满量程范围内均具有优良的输出线性度，暂态性能远优于传统电磁式互感器。频带可达 10kHz 以上，能够同时测量直流与高次谐波，适用于直流电流的测量。

（4）智能。光学电流互感器实现了故障智能自诊断的功能，能够在 1 个采样周期内快速诊断出自身故障并及时报警，为智能电网一次设备状态评估及辅助决策提供最重要的基础数据，避免了由于互感器自身故障引起保护误动作。

（5）传感器化。体积小、重量轻、易于与其他一次设备集成，适应电力系统数字化、智能化、网络化的需要。

（6）频带宽。频带宽，暂态响应好，能同时实现测量和保护功能。

1.3 电子式电压互感器

常见的电子式电压互感器包括：阻抗分压型电压互感器，基于泡克耳斯（Pockels）效应的光学电压互感器等。

1.3.1 阻抗分压型电压互感器

1. 工作原理

阻抗分压型电压互感器的工作原理是利用阻抗分压器将一次高压降低为低压小信号，并通过 A/D 转换变为数字信号，传输给合并单元，供二次测量及保护设备使用。

阻抗分压型电压互感器依分压器的不同可分为电阻分压、电容分压和电感分压等三种结构。电阻分压器一般用于 35kV 及更低电压等级，而电容分压器多用于中、高电压等级。下面以电容分压器为例，分析其分压比。

如图 1–11 所示，理想纯电容分压器的比为

$$K=\frac{U_s}{U_p}=\frac{C_1}{C_1+C_2} \tag{1–16}$$

因此，U_s 与 U_p 之间是简单的比例关系，分压比与频率无关，且没有相对相位偏移，这对于互感器的设计十分有利。

纯电容分压器作为电子式互感器的传感器暂态性能较差，当线路出现故障时，为使存储在电容中的能量快速释放，通常在低压电容上并联一个阻值较小的电阻，构成微分型电容分压器，其原理如图 1–12 所示。

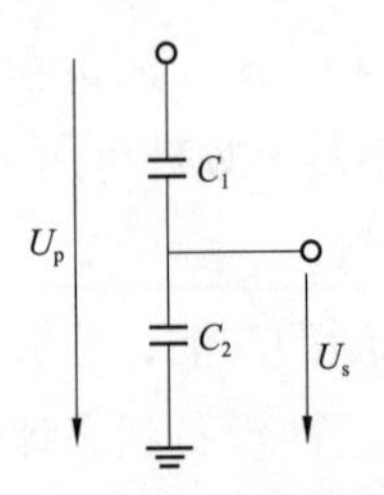

图 1–11 电容分压器原理示意图

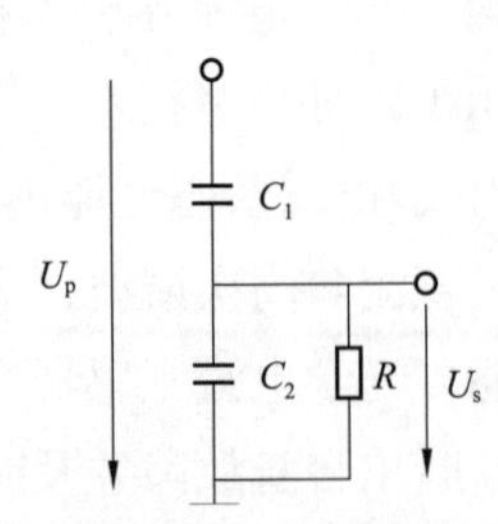

图 1–12 微分型电容分压器原理示意图

根据电路原理可知

$$\frac{U_s(t)}{R}+sC_2U_s(t)=sC_1[U_p(t)-U_s(t)] \tag{1-17}$$

令 $s=j\omega$，得到微分型电容分压器的分压比

$$K=\frac{U_s(t)}{U_p(t)}=\frac{j\omega RC_1}{j\omega RC_1+j\omega RC_2+1} \tag{1-18}$$

当 $1/R>>\omega(C_1+C_2)$ 时，式（1-18）化简为

$$K\approx j\omega RC_1 \tag{1-19}$$

此时，分压器的输出与输入之间成微分关系，且只与电阻和高压电容有关，与低压电容无关，通过积分及相位补偿，即可得到一次被测电压。

2. 主要特点

阻抗分压型电压互感器具有测量精度高，稳定性好，技术成熟等特点：

（1）技术成熟可靠，性能稳定，制作成本相对较低，实用化相对容易；

（2）动态范围大、测量准确度高，互感器无铁芯，不存在磁滞、剩磁和磁饱和现象，测量准确度可达 0.2 级，满足新一代智能站对电子互感器的要求；

（3）绝缘性能优良，一次与二次之间采用光纤连接，抗电磁干扰能力强；

（4）安全可靠，无易燃、易爆等危险，符合环保要求；

（5）体积小、质量轻、安装使用方便；

（6）具有光、电数字接口，便于二次部分的升级换代和智能变电站的建设。

在实际应用中，阻抗分压型电压互感器仍存在如下问题：

（1）易受温度环境影响。环境温度变化时，分压比会发生变化，影响电压互感器的测量精度。需对分压器的温度特性进行研究，采用合理的补偿方式，保证互感器的测量精度。

（2）易受外界电磁场影响。在外电、磁场环境的影响下，由于杂散电容和耦合电容的影响，互感器的测量精度难以保证，需采用合理的电磁屏蔽技术，提高复杂电磁场环境下的测量准确度。

（3）电容分压式电压互感器存在线路滞留电荷重合闸引起的暂态问题，应用尚需要积累工程经验。

3. 典型结构及应用

图 1-13 所示为独立支柱式电容分压电压互感器时，采用多级电容分压方式，电容器分布于绝缘子内部，采集模块就地安放。电容分压器将被测一次高压降低

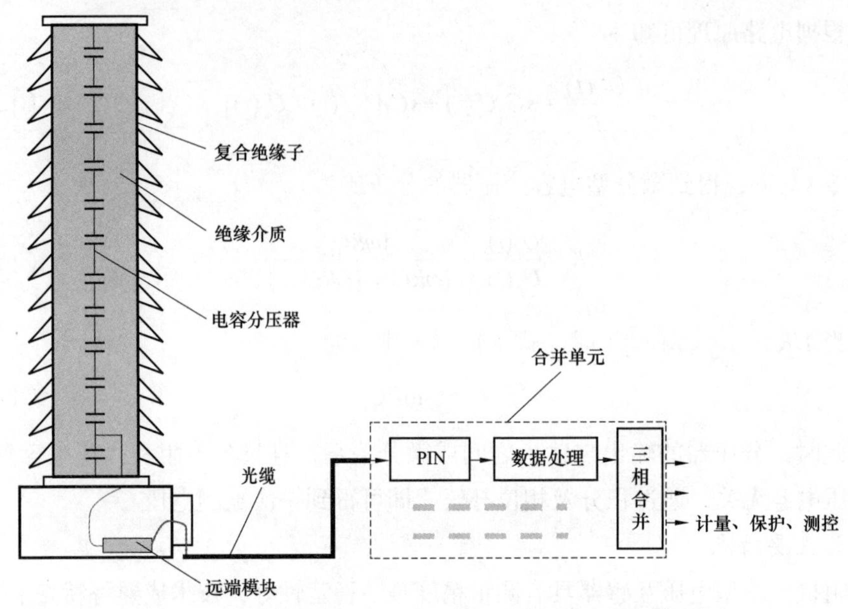

图 1-13　独立支柱式电容分压电压互感器结构示意图

为低电压信号，由采集模块进行信号处理及 A/D 转换，并通过光电转换变为光信号输出给合并单元。

1.3.2　光学电压互感器

1. 物理基础和工作原理

（1）物理基础。光学电压互感器在物理机理上主要基于 Pockels 效应，它是指某些晶体材料在外加电场作用下折射率发生变化的一种现象，也称为线性电光效应。当一束线偏振光沿某一方向进入电光晶体时，在外界电场作用下，光波将发生双折射，从晶体出射的两束双折射光之间产生了相位延迟，该延迟量与外加电场的强度成正比，可表示为

$$\delta = kE = \frac{\pi}{U_\pi}U \qquad (1\text{-}20)$$

式中　δ——Pockels 效应引起的双折射相位延迟，rad；

E——晶体所处电场的强度，V/m；

U——被测电压，V；

k——与晶体电光系数及通光波长有关的常数；

U_π——电光晶体的半波电压，V。

因此，通过检测该相位延迟即可得到被测电压 / 电场的大小。

根据晶体中光波传播方向与电场方向之间的关系，将被测电压的调制方式分为横向调制和纵向调制。横向调制是指光波在晶体中的传播方向与电场方向垂直，而纵向调制是指光波的传播方向与电场方向平行。两种调制方式的特点比较如下：

1）纵向 Pockels 效应是由晶体中沿着光传播方向上各处电场所引起相移的累加，由于任意两点间的电压等于这两点间电场沿任一路径的积分，而此积分与两点间电场的分布无关。因此，纵向 Pockels 效应可以对晶体两端的电压实现直接测量，不受相电场或其他干扰电场的影响。但是由于纵向 Pockels 效应外加电场方向与光传播方向平行，要求电极既透明让光束通过，又导电以施加外加电场，这给实际制作带来了较大的困难。利用横向 Pockels 效应制作的光学电压互感器则相对简单、方便，因此以基于横向 Pockels 效应的光学电压互感器居多。横向 Pockels 效应受相邻电场以及其他干扰电场的影响较大。

2）采用纵向调制方式时，晶体通光方向即外电场的方向，即晶体沿通光方向的长度等于沿被测电场方向的长度。因此，纵向 Pockels 效应中晶体的半波电压只与晶体的电光特性有关，而与晶体尺寸无关。当传感晶体选定后，半波电压恒定。当采用光强度调制解调型光路结构时，为使互感器工作于线性区，则晶体较低的半波电压限制了互感器的动态范围，需要采用电容分压器将被测电压分压后再加至 Pockels 器件上进行测量。采用横向调制方式时，晶体的半波电压可通过改变晶体的几何尺寸进行调节，可以不采用分压式结构，直接将被测电压加至 Pockels 器件上进行测量，还可以通过增加两电极间的距离提高互感器的绝缘等级。

（2）工作原理。在目前的技术条件下，还无法对光波的相位变化进行直接测量，通常采用干涉的方式将相位的变化转化为光强的变化。图 1–14 给出了一种实用型的基于 Pockels 效应的光学电压互感器原理示意图，被测电压以横向调制的方式施加在传感晶体上，入射光经起偏器后变为线偏振光，在被测电压的作用下，进入锗酸铋（$Bi_4Ge_3O_{12}$，简称 BGO）晶体的线偏光分解为两正交光束，并产生相位延迟，两正交光束经偏振分光棱镜检偏并发生干涉，用光电探测器将干涉光强变为电信号，进行后续的信号处理，得到被测电压。

图 1–14 中，电光玻璃通常采用 BGO 晶体，它是一种从熔体中生长出来的人工晶体，理论上无自然双折射、旋光性和热释电效应，电光系数大且温度稳定性好，易于加工，易于获得，是目前光学电压互感器普遍采用的一种传感玻璃。各

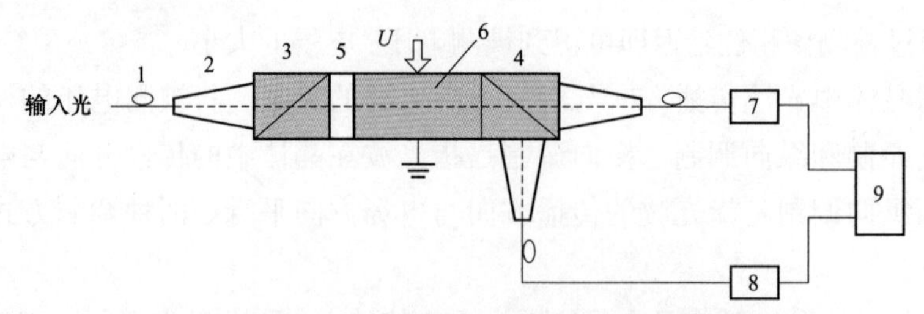

图 1-14　基于 Pockels 效应的光学电压互感器原理示意图

1—光纤；2—准直器；3—起偏器；4—偏振分光棱镜；5—1/4 波片；6—电光玻璃；7、8—光电探测器；9—信号处理单元

器件双折射主轴的方位需满足以下要求：

1）1/4 波片的双折射主轴与电光玻璃的感应双折射主轴平行，主要作用是在两束相干光之间引入 π/2 的相位偏置，提高检测灵敏度和线性度。

2）起偏器的通光轴与电光玻璃的感应双折射主轴夹角为 π/4；偏振分光棱镜的两通光轴分别与起偏器的通光轴垂直和平行。

3）两光电探测器接收到的干涉光强分别为

$$I_{/\!/}=\frac{I_{\mathrm{i}}}{2}(1+\sin\delta)=\frac{I_{\mathrm{i}}}{2}\left[1+\sin(\frac{\pi}{U_{\pi}}U)\right] \tag{1-21}$$

$$I_{\perp}=\frac{I_{\mathrm{i}}}{2}(1-\sin\delta)=\frac{I_{\mathrm{i}}}{2}\left[1-\sin(\frac{\pi}{U_{\pi}}U)\right] \tag{1-22}$$

式中　I_{i}——起偏器输出光的光强。

通过“差除和”信号处理，当被测电压 $U<<U_{\pi}$ 时，互感器的输出为

$$S=\frac{I_{/\!/}-I_{\perp}}{I_{/\!/}+I_{\perp}}=2\sin\left(\frac{\pi}{U_{\pi}}U\right)\approx\frac{2\pi}{U_{\pi}}U \tag{1-23}$$

因此，互感器的输出与被测电压近似呈线性关系。

2. 主要特点

基于 Pockels 效应的光学电压互感器综合利用了光电传感技术和先进的光电子生产、控制技术，其主要技术特点表现为：

（1）体积小、质量轻、易于与其他一次设备集成，可大幅度减小安装空间，适应电力系统数字化、智能化、网络化的需要；

（2）全光学传输、传感，完全避免了铁磁谐振现象；

（3）绝缘结构简单，绝缘性能优良，在高电压等级应用场合优势明显；

（4）实现了高、低压之间彻底的电气隔离，无二次短路、爆炸、起火等危险，可靠性、安全性高；

（5）频带宽，暂态响应好，同时实现测量、计量和保护的功能；

（6）具有突出的抗快速暂态过电压（very fast transient voltage，VFTO）干扰性能及可靠性。

3. 典型结构及应用

如图 1-15 所示，光学电压互感器的典型结构包括 GIS 嵌入式、罐体式以及独立式。

（1）嵌入式。光学传感单元可以嵌入安装在 GIS 本体，实现对一次电压的无接触测量，不需要独立的气室及罐体，集成度高，适用于 220kV 及以上电压等级单相式应用。

（2）罐体式。光学电压互感器包含独立气室及罐体，可实现 110kV 及以上各电压等级单相式及 110kV 三相一体式应用。

（3）独立支柱式。光学电压互感器包含独立气室与独立绝缘套管，易于户外使用，可应用于 110kV 及以上各电压等级。

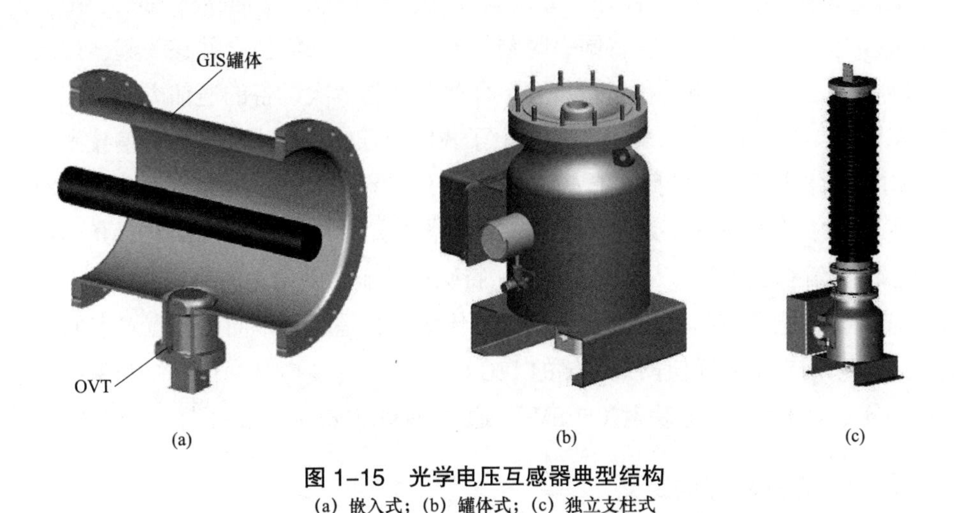

图 1-15　光学电压互感器典型结构

（a）嵌入式；（b）罐体式；（c）独立支柱式

图 1-16 所示为运行于江苏 500kV 常熟南变电站的光学电压互感器。常熟南变电站是国家电网公司第二批智能化试点工程，也是江苏省内首座 500kV 智能化变电站试点工程。该站为国内首座全站采用光学电压互感器的智能化变电站，共有 6 相 GIS 罐体式和 18 相独立支柱式光学电压互感器的应用。

(a)　　(b)

图 1-16　光学电压互感器应用实例

(a) GIS 应用；(b) 独立支柱式应用

1.4 合并单元

电子式互感器通常与合并单元配合使用。合并单元（merging unit，MU）位于智能变电站的过程层，它将同一时刻的电流、电压采样值合并在一起，按照一定的协议发送给二次测量和保护装置。合并单元与二次设备的通信方式有三种：①IEC 60044-8《互感器　第 8 部分：电子式电流互感器》中描述的通信技术，采用点对点链接方式，并按照 IEC 60870-5-1《远动设备及系统　第五部分：传输规约　第一篇：传输帧格式》规定的 FT3 数据格式实现数据传输；② IEC 61850-9-1《变电站通信网络和系统　第 9-1 部分：特殊通信服务映射（SCSM）通过串行单向多点采样值指向链接》中描述的以太网传输，它是基于单向多路点对点的连接方式；③采用支持采样值网络传输的 IEC 61850-9-2《变电站通信网络和系统　第 9-2 部分：特殊通信服务映射（SCSM）通过 ISO/IEC 8802-3 的采样值》规约。

1.4.1　合并单元的定义

IEC 60044-8 中给出了合并单元的明确定义：合并单元是用以对来自二次转换器的电流和 / 或电压数据进行时间相关的组的物理单元。合并单元可以是互感器的一个组成件，也可以是一个分立单元。合并单元是针对数字化输出的电子式互感器而定义的，连接了电子式互感器二次转换器与变电站二次设备。如图 1-17 所示，一台合并单元可汇集多达 12 个二次转换器数据通道。合并单元向二次设

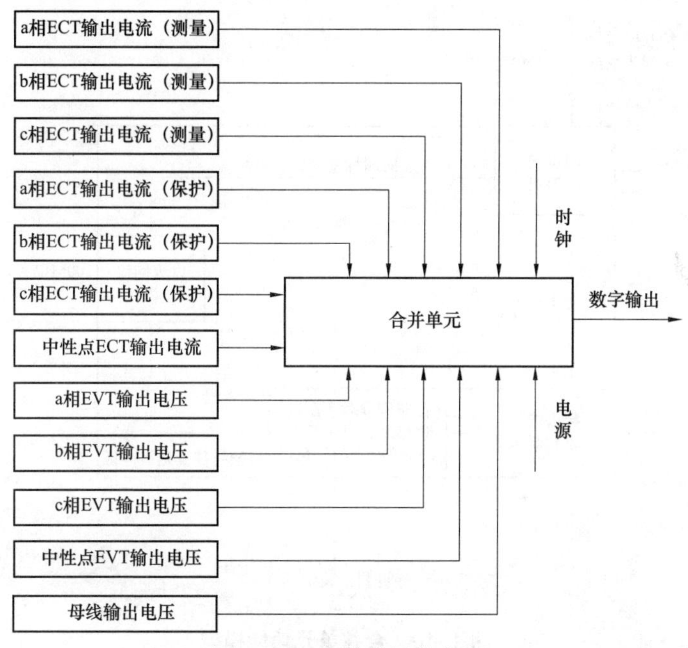

图 1–17　合并单元的定义

备提供一组时间相干的电流和电压样本。合并单元与二次设备的接口是串行单向多路点对点连接，它将 7 个（3 个测量，3 个保护，1 个备用）电流互感器和 5 个（3 个测量、保护，1 个母线，1 个备用）电压互感器合并为一个单元组，并将输出的瞬时数字信号填入到同一个数据帧中。合并单元可以以曼彻斯特编码格式或按照 IEC 61850–9 规定的以太网帧格式将这些信息组帧发送给二次保护、控制设备，报文内主要包括了各路电流、电压量及其有效性标志，此外还添加了一些反映开关状态的二进制输入信息和时间标签信息。

1.4.2　合并单元的功能模型

合并单元是智能变电站过程层与间隔层的接口，它主要向二次设备提供稳定、满足要求的电流、电压值。因此，根据二次设备要完成的功能，可以概括出合并单元的主要功能有以下几个方面：①同步接收多路互感器的电流、电压采样值；②按照 IEC 61850 协议完成数据组帧；③通过以太网串行发送数据至二次设备。合并单元的功能模型如图 1–18 所示。

下面分别对几个功能进行具体分析。

（1）同步功能。这里所指的同步包括两层含义，即变电站内各合并单元之间的同步和同一合并单元内各信号的同步。

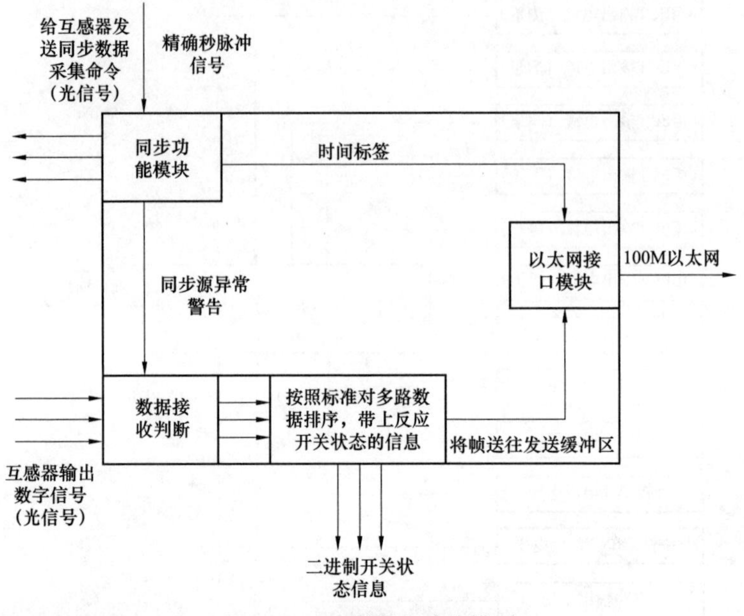

图 1-18　合并单元功能模型

不同合并单元之间的同步是利用变电站公共时钟来实现的，通常采用 GPS 秒脉冲或 IRIG-B 码实现秒级同步。

同一合并单元内各信号的同步是指来自不同设备间隔的同步的电流和电压信息必须有相同的时间标签，必须使不同协议规则的电流和电压信息做到同步。目前，有两种常用方法：脉冲同步法和插值同步法。如图 1-19 所示，脉冲同步法是指由合并单元向互感器发送同步转换命令，以保证各路同时进行电流和电压值

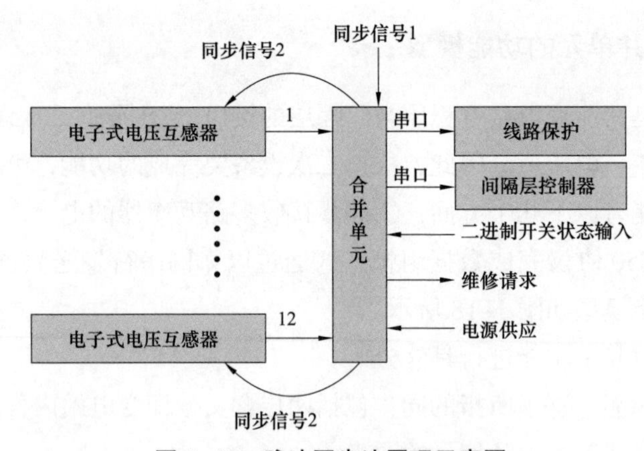

图 1-19　脉冲同步法原理示意图

采样。插值同步法是指以某一通道的采样时刻为基准，通过插值算法将其他各通道的采样值转换到时刻，如图 1-20 所示，以两路信号为例，将模拟信号 1 换算到信号 2 的采样时刻上。模拟信号 1 的第 i 个采样值记为 $V(i)$，采样时刻与基准采样时刻相差 Δt，第 $i+1$ 个采样值记为 $V(i+1)$，采样周期为 T_s，经过线性插值算法后，模拟信号 1 的第 i 个采样值 $V(i)'$ 为

$$V(i)'=\left[V(i+1)-V(i)\right]\times\frac{\Delta t}{T_s}+V(i) \tag{1-24}$$

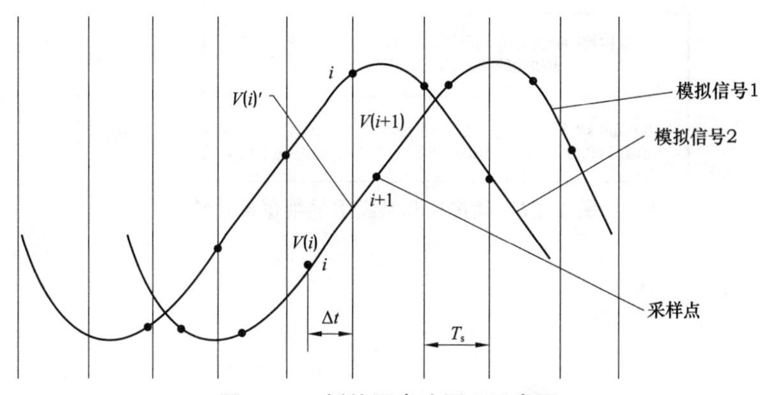

图 1-20　插值同步法原理示意图

（2）数据接收及处理功能。数据接收及处理功能是指同步接收多路互感器输出的数据，检测其有效性，并对数据按照协议进行排序和数据组帧。各互感器与合并单元采取异步串行通信方式，输出的数据帧主要内容包括电流、电压值的数据位和校验位。因此，合并单元需要对数据完成串行数据的接收后，对其进行判断。当校验不正确时，将相应的数据位置零，并告知二次设备数据无效。

（3）数据串行发送功能。数据的串行以太网传输该模块用于将各路处理后的数据按 IEC 61850-9-1 标准规定的格式组帧后进行数据传输，合并单元和二次设备之间的传输是一种串行单向多路点对点传输，IEC 61850-9-1 标准中推荐的参考 ISO/IEC 8802-3《以太网协议》（CSMA/CD）模式的以太网方案，定义了如图 1-21 所示的通信栈和数据层的数据单元结构，此结构是参考 ISO 七层协议制定的，其中网络层、传输层、会话层和表示层都制定为空。

定义应用服务数据单元ISO/IEC8802-3			应用层
空			表示层
空			会话层
空			传输层
空			网络层
媒体控制接入亚层ISO/IEC 8802-3及优先级标志/虚拟网接入IEEE 802.1Q			链路层
100Mbit/s光纤 IEEE 802.3	10Mbit/s光纤 IEEE 802.3	10Mbit双绞线IEEE 802.3	物理层

图 1-21 通信栈和数据层的数据单元结构

2 罗氏线圈互感器产品技术原理及工程应用情况

在智能变电站的工程建设中，各类不同电压等级、不同原理形式的电子式互感器得到了一定程度的应用。结合电子式互感器生产制造厂家及运行单位已取得的工程经验，对各类型电子式互感器的产品技术原理、工程应用情况进行分析，同时整理了电子式互感器在工程应用中出现的问题、相应对策及整改情况。

2.1 罗氏线圈互感器产品技术原理及设计方案

2.1.1 罗氏线圈电流互感器

（1）罗氏线圈传变原理。罗氏线圈又叫电流测量线圈、微分电流传感器是由俄国科学家 Rogowski 在 1912 年发明的。将粗细均匀的导线均匀密绕在环形等截面的非铁磁性骨架上即形成了空心线圈，非铁磁性材料包括塑料或者陶瓷等，罗氏线圈传感原理如图 2-1 所示。

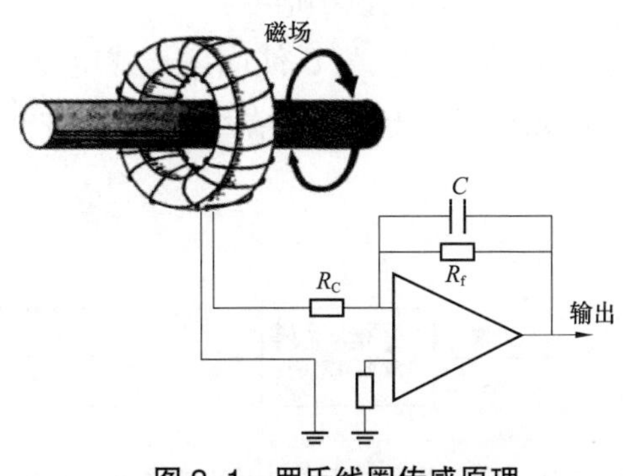

图 2-1 罗氏线圈传感原理

假设导线中流过的被测一次电流为 $i(t)=I_0\sin(\omega t+\theta)$，选取线圈任意中心半径为 r 时，根据安培环路定律 $\oint H\cdot dl=i(t)$，可得

$$H=\frac{i(t)}{2\pi r}$$

空心线圈相对磁导率与空气相对磁导率相同且为 1，则磁感应强度为

$$B=\mu_0 H=\frac{\mu_0 i(t)}{2\pi r}$$

式中 H——磁场强度；

μ_0——真空中的磁导率。

根据法拉第电磁感应定律，当穿过线圈的磁通量发生变化时，在该线圈上会产生感应电动势，其大小随着磁通量变化的快慢而发生变化，电压的方向与磁通量增加或减少的方向相反。罗氏线圈磁通链为

$$\Phi=N\varphi=N\oint B\cdot dS=N\oint\frac{\mu_0 i(t)}{2\pi r}dS=N\oint\frac{\mu_0 i(t)}{2\pi r}hdr=\frac{N\mu_0 i(t)h}{2\pi}\ln\frac{r_2}{r_1}$$

则罗氏线圈的感应电动势为

$$e(t)=-\frac{d\Phi}{dt}=-\frac{\mu_0 Nh}{2\pi}\ln\frac{r_2}{r_1}\frac{di(t)}{dt}=-\frac{\mu_0 Nh}{2\pi}\ln\frac{r_2}{r_1}\ \omega I_0\cos(\omega t+\theta)$$

式中 N——线圈匝数；

h——骨架高度；

r_2——骨架外径；

r_1——骨架内径。

当一次导体通交变电流 $i(t)$ 时，线圈的磁链将发生变化，一次侧通过罗氏线圈完成大电流信号传变产生几伏模拟小信号。

（2）罗氏线圈互感器集成方案。罗氏线圈电子式电流互感器主要有罗氏线圈、双屏蔽电缆和采集单元构成，电流互感器结构框图如图 2–2 所示。

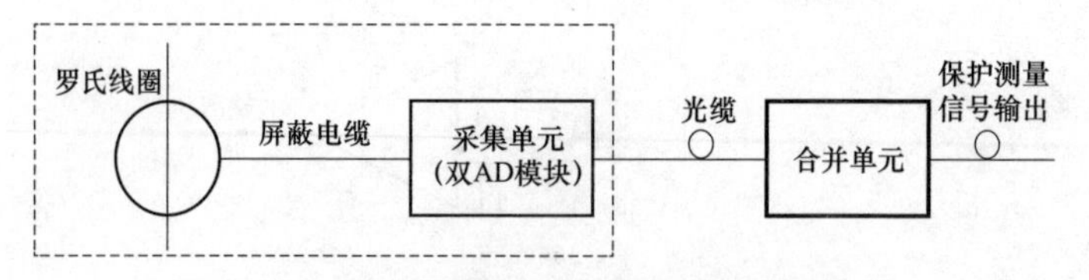

图 2–2 罗氏线圈电子式电流互感器结构方案

如图 2–2 所示，罗氏线圈传递的模拟信号经过屏蔽电缆传输到安装于低压地电位侧的采集单元完成数字信号处理后，输出符合国家电网有限公司要求标准 FT3 数字信号，经合并单元输入到保护、测控装置，提供一次电流信号。其中采集单元信号传递流程如图 2–3 所示。

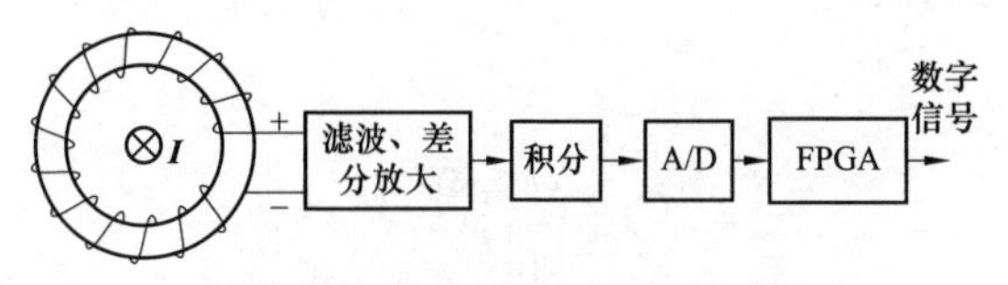

图 2–3　采集单元信号传递流程

如图 2–3 所示，一次导体通过交变一次电流，经过罗氏线圈的磁链将发生变化，根据电磁感应定律将会产生感应电动势，经过采集单元中信号调理、放大、积分、AD 转换及现场可编程门阵列（field–programmable gate array，FPGA）信号采样处理后转换为符合国家电网有限公司电子互感器要求的数字信号。

2.1.2　同轴电容电压互感器原理

（1）同轴电容分压原理。同轴电容分压型电子式电压互感器采用阻容分压原理，不同于传统互感器的是二次分压电容采用微小容值直接将一次高电压信号转换为可供采集单元直接处理的小电压信号，二次侧无高压、大电流等危险，提高了运行维护人员的安全性。电容分压型电压互感器原理如图 2–4 所示。

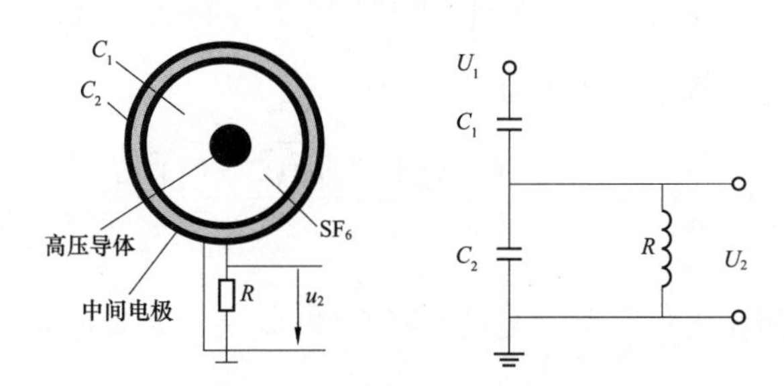

图 2–4　同轴电容分压原理图

同轴圆柱形电容计算公式为

$$C=\frac{2\pi\varepsilon_{\mathrm{r}}\varepsilon_0 l}{\ln\frac{r_2}{r_1}}$$

式中 ε_0——真空介电常数；

ε_r——电介质的相对介电常数；

r_1——高压导体的外半径；

r_2——圆筒的内半径；

l——圆筒的长度。

所以得出

$$C_1 = \frac{2\pi\varepsilon_{r1}\varepsilon_0 l}{\ln\frac{r_2}{r_1}}$$

$$C_2 = \frac{2\pi\varepsilon_{r2}\varepsilon_0 l}{\ln\frac{(r_2+d)}{r_2}}$$

式中 ε_{r1}——SF_6 介电常数；

ε_{r2}——中间绝缘介质的相对介电常数；

d——外圆筒的厚度。

当一次导体施加电压为 $u_1(t)$ 时，由电路原理可知

$$\frac{u_2(t)}{R} + C_2\frac{u_2(t)}{\mathrm{d}t} = C_1\frac{\mathrm{d}[(u_1(t)-u_2(t)]}{\mathrm{d}t}$$

则二次输出电压 $u_2(t)$ 表达式为

$$u_2(t) = \frac{\mathrm{j}\omega C_1 R}{\mathrm{j}\omega C_1 R + \mathrm{j}\omega C_2 R + 1}u_1(t)$$

阻容分压器的计算电压变比为

$$K = \frac{u_1}{u_2} = \frac{|\mathrm{j}\omega(C_1+C_2)R+1|}{|\mathrm{j}\omega C_1 R|} = \frac{\sqrt{\omega^2(C_1+C_2)^2R^2+1}}{\omega C_1 R}$$

同轴电容分压型电压互感器通过电容 C_1 和 C_2 分压后，将转化的低压模拟电压信号。

（2）同轴分压互感器集成方案。同轴电容分压型电压互感器一次传感器由同轴高压电容、低压电容及分压电阻组成，传变低压信号经过屏蔽电缆输入到电压采集单元中，经过信号处理输出数字信号到合并单元，结构如图 2–5 所示。

如图 2–5 所示，一次导体高电压通过电容 C_1 和 C_2 分压后，将转化的低压模拟电压信号经屏蔽电缆输出到电压采集单元，经积分、调理、组帧后经光纤传输

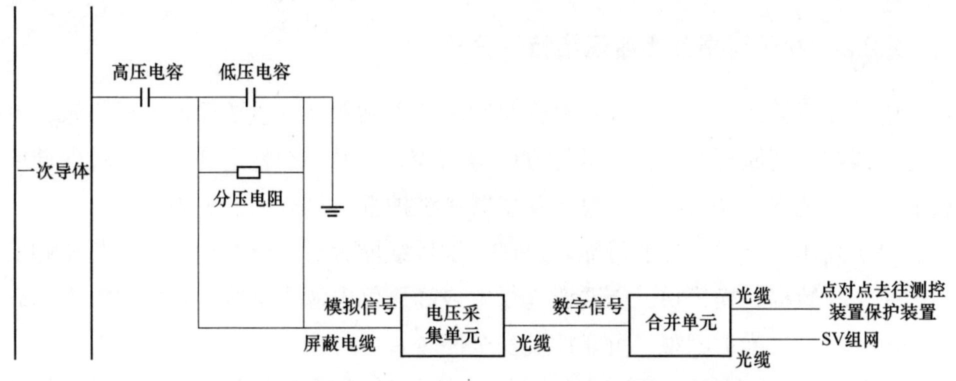

图 2–5 同轴电容分压型电子式电压互感器集成方案图

至合并单元，为保护装置、计量装置和测控装置提高电压信号，电压互感器采集单元信号传变筒罗氏线圈电流互感器结构框图。同轴分压其传变模拟信号经屏蔽电缆输出到电压采集单元，经积分、调理、组帧后经光纤传输至合并单元，为保护装置、计量装置和测控装置提高电压信号。

2.2 罗氏线圈互感器工程应用及运维特性分析

2.2.1 罗氏线圈互感器的工程应用情况

罗氏线圈互感器在智能变电站工程项目建设中应用较早，应用范围较为广泛。在国网辽宁省电力有限公司智能变电站工程建设中，朝阳马山 220kV 智能变电站整站及朝阳何家 220kV 智能变电站部分间隔均采用了罗氏线圈原理的电子式互感器。以许继集团有限公司生产及工程示范的电子式互感器为例，产品涵盖 10~1000kV 不同电压等级的多种结构和原理的电子式电流电压互感器，应用于多个电力工程。在国家电网新一代智能变电站建设中，参与了 2013 年 6 座新一代智能变电站中的 5 座，2014 年 50 座新一代智能变电站中的 27 座，相关产品积累了一定现场运行经验和数据。

2008 年以来，许继集团有限公司 ECT 800–110/SG、ECT 800–110/BG、ECVT 800–110/SG、EVT 800–110/SG、ECT 800–110/BG 等型号罗氏线圈互感器在国内多个智能变电站工程建设中成功挂网运行，运行情况良好，到目前为止，已有 1125 台左右罗氏线圈原理的电子式电流互感器挂网运行。

2.2.2 罗氏线圈互感器运维特性分析

电子互感器运行稳定性及可靠性是智能变电站发展的重要保证，近年来，电子互感器在传变原理及结构改进等方面得到较大提升，在稳定性及可靠性保证前提下，可实现现场高效维护，电子互感器在维护方面具有以下优势：

（1）高压侧无源、传变可靠。LPCT+ 罗氏线圈为有源化结构设计，高压侧安装传感头与数据转换模块，需要激光供电或高压侧电源供电等，在维护方面，高压侧故障率高且维护困难，可靠性及安全性较差。

罗氏线圈互感器采用高压侧无源化结构设计，即高压侧仅由单一罗氏线圈传感信号，无需供电，信号采集模块安装于地电位侧，在维护方面，罗氏线圈可靠性高、高压侧故障率低，故障维护仅需更换位于地电位的采集单元即可，维护效率及安全性高

（2）快速无损互感器。LPCT+ 罗氏线圈互感器现场故障或维护时，均需要对数据采集模块进行调试修改，并且需要现场标定准确度。与上述传变原理电子互感器相比，罗氏线圈电子式互感器低压侧采集单元采用双重配置功能模块，可实现现场快速无损互换及精度免标定。

通过工艺技术改进及传感头传变特性提升，保证罗氏线圈及同轴电容分压器传变模拟信号稳定可靠，同时也提高了传感头传变一致性及互换性，为电子式互感器高效运维提供基础。一次部件传变的模拟信号通过双屏蔽电缆可靠且不失真传输到采集单元中，基于高精度数据处理及优化技术，完成信号调理及数字化运算处理。基于产品质量提升工艺及技术措施，保证了传感头质量及产品一致性，同时结合采集单元标准化配置技术，实现有源电子式互感器一、二次部件调试配合，实现故障后无损互换。如图 2–6 所示。

如图 2–6 所示，罗氏线圈或低压电容组件传变的模拟信号，经过双屏蔽电缆传输到采集单元中完成数字信号处理。采集单元设计双重配置可调功能，硬件部

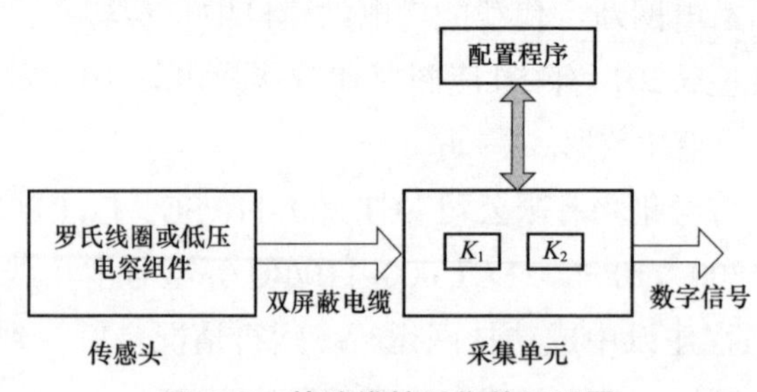

图 2–6 快速维护采集单元配置

分主要由滤波回路、差分回路、积分回路、双 AD 采样回路组成；软件部分内置一、二级系数 K_1、K_2。

通过调整一级配置系数 K_1，使采集单元自身准确度达到要求，并实现标互化要求；针对配套传感头，通过调整二级配置系数 K_2，使传感头和采集单元整机精度达到要求。针对不同的传感头，采集单元具有唯一与之对应的配置系数，并做存档记录。当现场互感器采集单元发生故障，根据传感头编号可提前将与之对应配置系数下载配置系数采集单元中，免除现场标定环节，可实现现场快速维护。

综上所述，与其他传变原理互感器相比，罗氏线圈电子互感器采用高压侧无源化结构设计，采集单元安装于地电位侧，使用站用 220V 电源供电；基于模块化结构设计及采集单元快速无损互换功能，可实现电子互感器现场高效维护，且免准确度标定。

2.3　罗氏线圈互感器工程应用中的问题及相应对策

随着智能变电站工程应用及电子互感器技术发展，电子互感器形成了以罗氏线圈 + 低功率取能线圈的电流互感器、单罗氏线圈传感电流互感器两种技术方案路线。在智能变电站工程实践应用中，体现出采集器电磁兼容防护能力、等电位安装供电可靠性等问题。例如，出现现场采集器在母线带电拉合隔离开关时损坏；由于线圈到采集器线缆防护不良造成的传变异常；激光供能原件故障率高，与线路取能切换异常等。基于近年来智能变电站工程运行状况，其存在的问题如下：

（1）罗氏线圈 + 低功率线圈组合方式，主要存在高压侧供电问题，其光源及激光供能模块易损坏，且故障后高压侧更换维护难等问题，此方案目前工程应用较少。

（2）单罗氏线圈传感，该方案罗氏线圈传变精度高，使用单一罗氏线圈传变提供保护和计量信号。高压侧无源化结构设计，采集单元安装于地电位侧，使用站用 220V 电源供电，绝缘可靠，运行维护便捷、安全。根据工程运行经验，外界环境如温度、振动、电磁干扰等易对电子互感器精度产生影响；采集单元在现场复杂电磁环境及 VFTO 影响下易受损坏或故障等，针对现场问题通过温度特性优化、振动特性提升及抗 VFTO 干扰设计及模块化结构设计，提高电子互感器现场运行稳定性及可靠性，同时通过采集单元快速无损互换技术研究，可提高现场运维效率，实现采集单元现场快速无损、整机精度免标定。

为解决上述问题，针对罗氏线圈互感器在工程应用中的性能及可靠性进行技术改进并形成相应解决方案。

2.3.1 高精度罗氏线圈传变技术

（1）骨架材料特性研究。罗氏线圈骨架的基本作用是支撑和绝缘，由线圈的测量原理可知，骨架的尺寸对线圈的互感系数等电磁参数有着决定性的作用，因此骨架材料的一些参数对传感器有着很大的影响，尤其是骨架材料特性受温度和湿度的影响较大。本项目课题将对罗氏线圈骨架材料特性及制造工艺进行研究，选取温度稳定性好、机械强度高、绝缘性能优的材料，并使用先进加工工艺提高线圈骨架加工精度。

骨架材料采用 FR–4 玻璃纤维，热膨胀系数为（13~15）$\times 10^{-6}$/℃，选用铜线的热膨胀系数一般为 17 $\times 10^{-6}$/℃左右，制作线圈的时候选择这两种膨胀系数接近的材料，可以保证铜线牢固地贴在骨架上，便于实现线圈的高精度绕制。

绕制好的罗氏线圈输出准确度应满足 0.2 级；在电场干扰，水平、垂直、旋转磁场干扰下模拟信号输出影响较小，满足高低温性能测试要求。

（2）骨架温度特性研究。由于电流传感器采用的空心线圈使用的骨架为非铁磁性材料，在温度变化时，骨架材料与线圈的热膨胀系数不同，可能会导致线圈的截面积和所受应力会随温度变化而变化，从而导致在温度变化时电流传感器输出的变化。当骨架材料选择不恰当时可能会导致传感器输出超差，甚至线圈所受应力过大导致线圈断线等极端情况发生。

设 M 为罗氏线圈的互感系数，外界环境不变时为一固定值，输出电压与之成正比，当温度发生变化时，罗氏线圈的截面积、输出电阻等都会发生变化，导致其互感系数发生变化，从而引起输出电压的变动。骨架相对磁导率 μ_r=1，计算可得

$$M = \mu_0 N \frac{h}{2\pi} \ln \frac{R_2}{R_1}$$

当温度变化时，h、R_1、R_2 都会发生变化，从而引起互感系数 M 的变化。设温度变化 Δt 时，骨架横向变化量为 $2\Delta R$，纵向变化量为 Δh，则变化后的互感系数为

$$M + \Delta M = \mu_0 N \frac{h+\Delta h}{2\pi} \ln \frac{R_2 + \Delta R}{R_1 - \Delta R}$$

骨架材料一般采用 FR–4 玻璃纤维，热膨胀系数为（13~15）$\times 10^{-6}$/℃，铜线的热膨胀系数一般为 17 $\times 10^{-6}$/℃左右，一般制作线圈的时候会考虑选择两种膨胀系数接近的材料，这样可以保证铜线牢固地贴在骨架上。现在的技术可以做到这一点，因此为简化考虑，认为骨架的热膨胀系数与铜线的热膨胀系数一致，以骨架的热膨胀系数来计算。

骨架在各个方向的膨胀系数应该是一致的，设膨胀系数为 x，则体膨胀系数 y，可以由下式得出

$$y=\frac{\pi\left(R_2^{\ 2}-R_1^{\ 2}\right)h\left(1+x\right)^3-\pi\left(R_2^{\ 2}-R_1^{\ 2}\right)h}{\pi\left(R_2^2-R_1^{\ 2}\right)h}$$

化简得

$$y=\left(1+x\right)^3-1$$

为简化计算，当室温为 25℃时，y=3x=15 $\times 10^{-6}$/℃，可得 x=5 $\times 10^{-6}$/℃。则

$$M+\Delta M=\mu_0 N\frac{h(1+x)}{2\pi}\ln\frac{R_2(1+x)}{R_1(1+x)}$$

当温度变化为 t℃时，可得

$$M+\Delta M=\mu_0 N\frac{h(1+xt)}{2\pi}\ln\frac{R_2(1+xt)}{R_1(1+xt)}$$

$$\frac{M+\Delta M}{M}=\frac{\mu_0 N\dfrac{h(1+xt)}{2\pi}\ln\dfrac{R_2(1+xt)}{R_1(1+xt)}}{\mu_0 N\dfrac{h}{2\pi}\ln\dfrac{R_2}{R_1}}$$

该电子式互感器要求在 –40 ~ +70℃之间满足 0.2 S 级测量精度要求，罗氏线圈也应该达到这个精度，此时 t–25℃的变化范围为 –65 ~ 45℃，在 matlab 中进行仿真，结果如图 2–7 所示。

由图 2–7 仿真结果可以看出，温度在 –40 ~ +70℃范围内，罗氏线圈的互感系数变化不超过 0.05%，满足 0.2S 级电流互感器应用要求。

（3）绕线工艺提升技术。基于罗氏线圈理论，绕线方式是决定线圈性能的重要因素，绕线越密，线圈互感系数越大，自感和杂散电容也就越大，线圈的上限频率越低。罗氏线圈由于不含铁芯，绕线匝数可达几万匝，因此，罗氏线圈绕线精度及均匀性将决定罗氏线圈传变信号精度及稳定性。

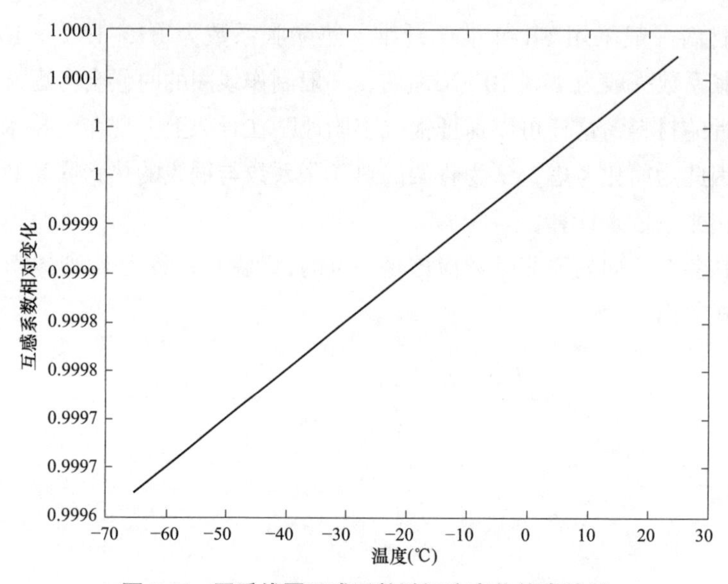

图 2–7　罗氏线圈互感系数随温度变化仿真结果

根据理论分析可得在线圈匝数密度、截面积均匀的条件下，非均匀磁场均不对罗氏线圈传变电动势产生干扰。为提高罗氏线圈绕线工艺水平，采用如图 2–8 所示智能化绕线机设备进行罗氏线圈绕制和加工。

如图 2–8 所示，智能数字绕线机设备，基于高精度缠绕及多层控制，可保证罗氏线圈绕制均匀，提高传变精度及绕线均匀一致性，保证罗氏线圈传变性能稳定。

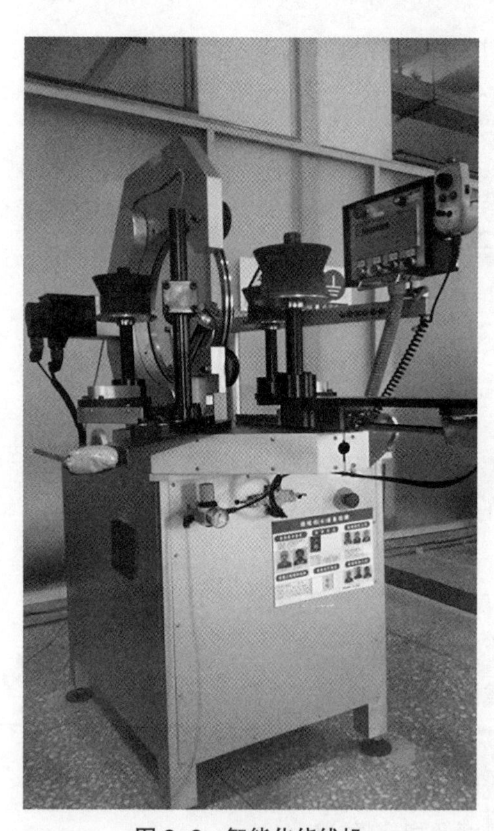

图 2–8　智能化绕线机

2.3.2　罗氏线圈抗电磁干扰技术

（1）电磁干扰理论分析。罗氏线圈电子式互感器工作于变电站复杂电磁环境中，传感头部件及罗氏线圈易受外界干扰，造成传变模拟信号跳动。通过对屏蔽技术研究，从电场屏蔽、电磁屏蔽两方面入手，对高精度罗氏线圈进行包扎屏蔽和金具铝壳屏蔽处理，以提高罗氏线圈抗电磁干扰特性。

1）静电屏蔽。静电屏蔽是防止静电场的影响，它的作用是消除两个电路之间由于分布电容的耦合而产生的干扰。它的原理可简单表示如图 2-9 所示。

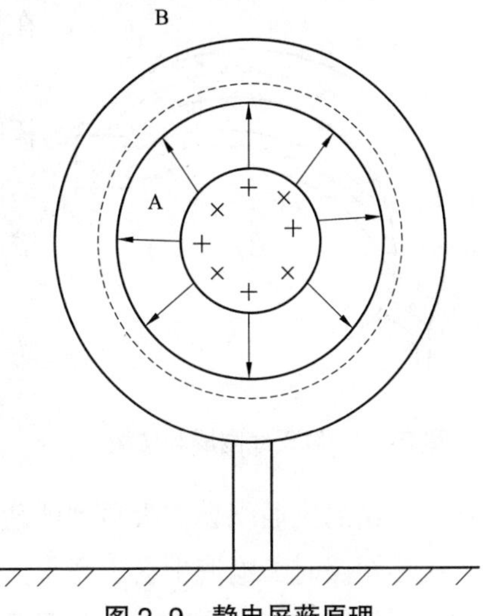

图 2-9 静电屏蔽原理

A—带正电荷的导体；B—低电阻金属材料容器，通过导线接地

2）磁屏蔽。磁场屏蔽通常是对直流或低频磁场进行屏蔽，磁场屏蔽主要依赖于高导磁材料所具有的低磁阻，对磁通起着分路的作用，使得屏蔽体内部的磁场大大减弱，如图 2-10 所示。

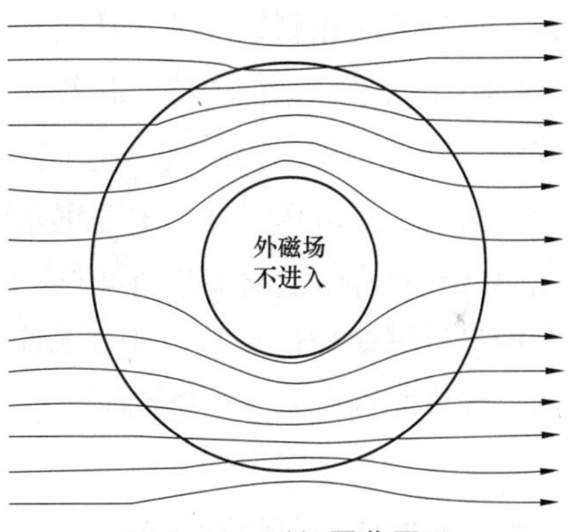

图 2-10 磁场屏蔽原理

在罗氏线圈外部采用高导磁系数的材料以防止磁感应。高导磁材料系数的材料磁阻比起空间来小很多，给磁力线提供了边界的途径，所以磁力线不再扩散到外部，起到屏蔽作用。磁屏蔽主要用于低频，在罗氏线圈外部采用高导磁系数的材料以防止磁感应。

3）电磁屏蔽。电磁屏蔽主要屏蔽高频电磁场干扰，在罗氏线圈绕线层外侧采用低电阻金属材料，利用电磁场在屏蔽金属内部产生的涡流所产生的反向磁场来抵消原磁场，其原理如图 2-11 所示。

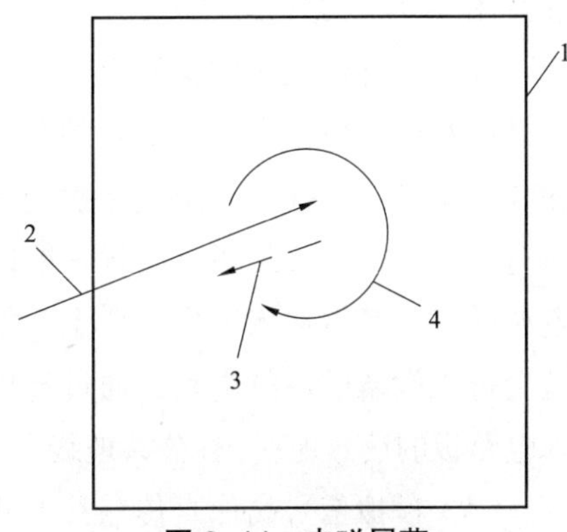

图 2-11 电磁屏蔽

1—屏蔽板；2—外来磁场；3—反磁场；4—涡流

（2）罗氏线圈屏蔽技术。基于电磁屏蔽理论研究，对高精度罗氏线圈屏蔽采用屏蔽罩方法，即把罗氏线圈放在铁磁性材料的罩内屏蔽起来，这样可以有效防止外部磁场进入线圈，如图 2-11 所示。

如图 2-12 所示屏蔽结构，在屏蔽过程需注意两点：为使电流的主磁场能够进入线圈，在屏蔽罩内侧开一条缝隙，如果未

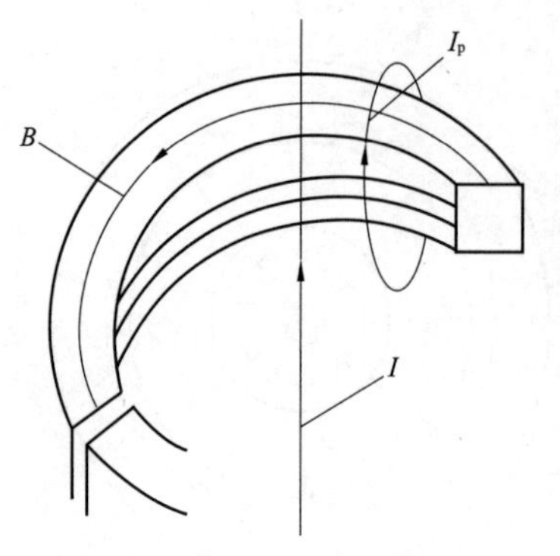

图 2–12　罗氏线圈屏蔽结构

在屏蔽罩内侧开出此缝隙，一次导体电流 I，在罗氏线圈中感应磁场 B，磁场在屏蔽体与屏蔽盖板间的环路中会感应出电流 I_p，I_p 产生磁通将抵消流过罗氏线圈的磁通的变化，影响罗氏线圈的输出幅值和相位，从而引起附加误差。在内侧开一条缝隙，切断铁罩环路，不能形成回路，可以防止 I_p 的产生，主磁通也就能够进入屏蔽罩内的罗氏线圈。

由于铁的磁导率比空气大很多，如果构成环路，大量的磁通就会被吸引到屏蔽罩中，使流过罗氏线圈的磁通大大减弱；在发生线路短路时，电流中会出现很大的直流分量，这个直流分量不仅使屏蔽罩发生饱和，还容易产生剩磁，这些现象都会使罗氏线圈工作稳定性变差。在垂直屏蔽体轴线方向开条缝隙后，铁磁材料不能形成环路，磁阻变大，流过屏蔽罩的磁通减小，有效防止剩磁出现，从而减小对罗氏线圈的影响。

（3）信号传输抗电磁干扰技术研究。电子式互感器工作于变电站复杂电磁环境中，易受外界干扰，造成输出比差、相差跳动。通过对新型电子式互感器屏蔽技术研究，从电场屏蔽、电磁屏蔽两方面入手，设计罗氏线圈包扎屏蔽和金具铝壳屏蔽并对屏蔽层材质进行测试、对比，选择便于大批量生产及加工的屏蔽材料，合理设计屏蔽层的结构，避免装配的过程中引入人为误差。通过多层屏蔽技术，加强罗氏线圈抗外界电磁场干扰能力。

屏蔽技术主要包括静电屏蔽、磁屏蔽和电磁屏蔽。静电屏蔽是防止静电场的影响，它的作用是消除两个电路之间由于分布电容的耦合而产生的干扰。它的原理见图 2–9。

在以上屏蔽技术的基础上，针对罗氏线圈输出模拟信号传输过程中，在干扰信号中提取有效信号最为有效的办法为滤波技术。滤波是将信号中特定波段频率滤除的操作，是抑制和防止干扰的一项重要措施，是从含有干扰的接收信号中提取有用信号的一种技术。干扰一般以共模或差模方式施加到电子式电流互感器的电源端口及其他输入输出端口上。如果各端口没有良好的滤波措施，则干扰信号就会进入设备的后续电路，通过传导和电容耦合进行传播；同时干扰信号也可进入电路板的信号地线，在公共地线上产生压降，对公用该地线的其他电路造成干扰。

（4）模拟信号高保真传输技术研究。在变电站实际运行环境中，模拟小信号的传输幅值量极小，甚至低于干扰量的幅值强度。为了提高罗氏线圈模拟信号高保真传输，需进行多层线缆屏蔽技术研究，解决模拟信号在传输过程中受外界电磁场干扰问题。

基于电磁屏蔽理论，对影响传输精度的干扰源分布及特性、信号传输路径、干扰量耦合路径等各参量进行分析及研究，制定相应解决措施，从而改善输出信号波形，削弱高频信号干扰，抑制快速暂态过电压和瞬时浪涌电流，提高模拟信号传输的高保真性、有效性。

（5）采集单元高精度数据处理及优化技术研究。研究模拟信号处理回路稳定性、零漂抑制技术，兼容电子元器件固有量化缺陷，研究在设计环节选取温漂特性好的运放元器件，采用基于差分原理设计的信号输入回路，抑制采集单元输入回路共模干扰，采用工业级微处理器及高精度高速 AD 器件，使采集单元在复杂电磁环境下，–40 ~ +70℃范围内达到 0.1S 级准确度。

通过电子元器件抗噪分布技术研究，在电路板设计过程中采用合理的布局，使采集单元接地系统杂散信号不形成的环流，尤其是在 VFTO 发生的情况下，瞬间暂态过电压不对采集单元造成损坏。通过极限温度加速老化对电阻元件、电压元件、电源模块筛选，保证元器件固有特性稳定满足技术指标要求，提高采集单元本身固有抗干扰性。

2.3.3 罗氏线圈温度特性优化技术

（1）温度对罗氏线圈影响。外界环境温度对罗氏线圈的影响主要表现在温度变化对罗氏线圈骨架、线圈截面积的影响和对罗氏线圈电阻值的影响。罗氏线圈非磁性骨架材料热胀冷缩，截面积随温度变化而发生变化。设线圈骨架的热膨胀系数为 α，则温度变化对线圈输出电压相对误差为

$$\frac{\Delta u(t)}{u(t)}=\frac{\dfrac{N\mu_0(h+\alpha h)}{2\pi}\ln\dfrac{r_2+\alpha r_2}{r_1+\alpha r_1}-\dfrac{N\mu_0 h}{2\pi}\ln\dfrac{r_2}{r_1}}{\dfrac{N\mu_0 h}{2\pi}\ln\dfrac{r_2}{r_1}}=1+\alpha-1=\alpha$$

从上式可以看出，罗氏线圈的热膨胀相对误差在数值上等于骨架材料的热膨胀系数，而与骨架的尺寸无关。骨架材料热胀冷缩，截面积随温度上升变大，导致输出电动势变大，表现出正温度系数。

罗氏线圈内部电路图见图 2–13，线圈内阻 R_S 相当于电源内阻，R_S 随温度升高而增大，导致负载两端 R_L 输出电压降低，表现出负温度系数，如图 2–14 所示。

为解决温度对罗氏线圈的影响问题，可选用热膨胀系数小、材质均匀的骨架

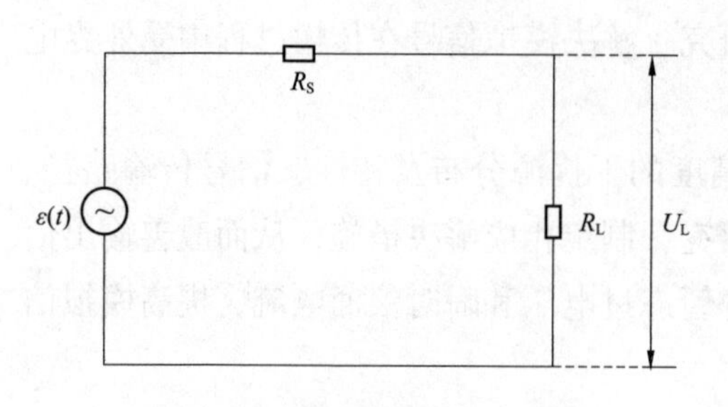

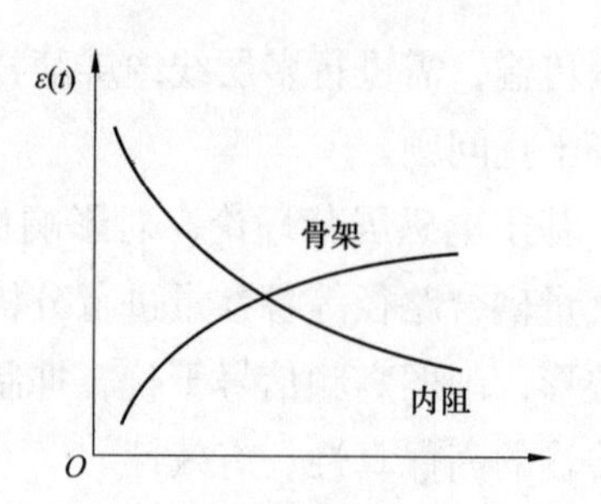

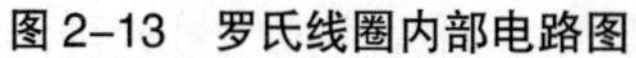

图 2–13　罗氏线圈内部电路图

图 2–14　正负温度系数对输出电动势的影响

材料进行压制、打磨等处理，同时，对绕组材料的选择也要尽量选取热膨胀系数小的绕线，并使绕线紧紧地贴绕在骨架上。然而靠材料的选取和加工还是难以满足对罗氏线圈输出精度的影响，工程应用中可使用具有一定温度特性的电阻匹配以抵消温度对电子式互感器输出精度的影响。

（2）温度对积分器等二次回路影响。利用模拟技术实现的积分电路有多种电路形式，其稳定性都依赖于所选电阻和电容的温漂及时漂特性，电阻和电容的参数与温度有关，温度的变化会使积分器的运算放大器产生积分漂移问题，造成二次回路输出电压偏移。

为解决电阻和电容的改变产生的误差以及积分放大器中运放的失调和温度漂移导致的积分器漂移等问题，在选择元器件时，尽可能选用低温度系数的电阻和电容，输入失调电压小的高性能运放。为了抑制漂移，设计采用惯性环节取代积分器，即在积分电容两端并联大阻值的反馈电阻，由于反馈电阻的存在，为慢变化的漂移电压提供了一个反馈通道，较好地抑制了漂移，从而减小了输入失调电压的影响。同时反馈电阻的引入也可以起到保护积分器的作用，使其能承受一定的过电压。模拟积分器原理图如图 2–15 所示。

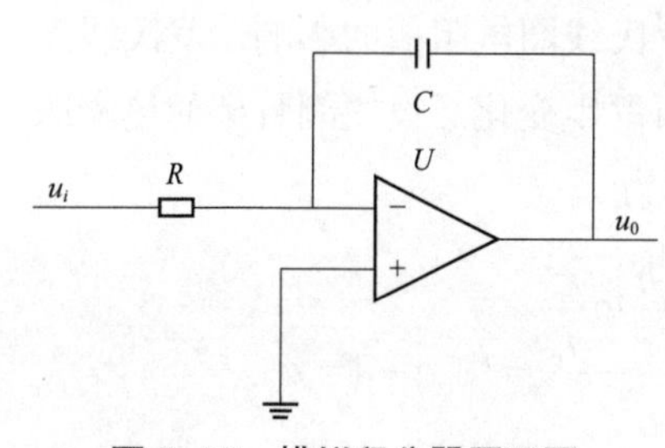

图 2–15　模拟积分器原理图

当集成运放的开环增益无限大，输入失调电压、输入偏置电流及其漂移为零时，其输出为

$$u_0=-\frac{1}{RC}\int u_i\mathrm{d}t$$

其中 R、C 为电阻和电容，当集成运放的开环增益为无限大时，由于负反馈的作用，输出电压 U_0 应为积分电容器上的电压。则积分器输出信号的幅值

$$U_0=\frac{1}{\omega RC}U_i$$

记$K_1=\dfrac{1}{\omega RC}$为积分器的积分系数。K_1的温度系数为

$$\frac{dK_1}{K_1 dT}=\omega RC\frac{d}{dT}(\omega RC)^{-1}=-(\frac{dR}{RdT}+\frac{dC}{CdT})$$

可见K_1的温度系数是电阻R温度系数和电容C温度系数之和。假设电阻R温度系数为$\pm 60\times 10^{-6}$，电容C温度系数为$\pm 100\times 10^{-6}$，则积分系数的温度变化率为

$$\frac{dK_1}{K_1 dT}=\pm 160\times 10^{-6}$$

假设温度变化50℃，则积分器带来的最大误差为$50\times 160\times 10^{-6}$=0.8%，因此，积分器受温度变化的影响较大。在实际应用中，选择温度系数小的电阻和电容是必要的。另外，从以上式可知电阻和电容的温度系数相加等于积分系数的温度系数，因此，可以采用一个元件取正温度系数一个元件取负温度系数的补偿方法来提高积分器的精度。

2.3.4　抗 VFTO 特性技术

对快速暂态过电压的传播途径及对互感器的影响可以得到，对一次绝缘的影响可通过提高互感器绝缘设计余量进行防护，对电磁辐射可通过对二次装置增加屏蔽措施等进行防护，但对地电位瞬变过程的防护属于研究的重点。

（1）暂态过电压抑制滤波装置研制。通过对暂态过程的干扰源特性研究，研制了如图2–16所示的瞬态过电压抑制滤波装置原理。

U_{in}接电源输入，U_{out}输出至采集单元电源端，其中L为软磁铁芯的滤波电感，以吸收瞬态过电压中的高频能量，并通过压敏电阻钳制过电压水平。通过多次摸索和试制，成功研制了过电压抑制器，实物如图2–17所示。

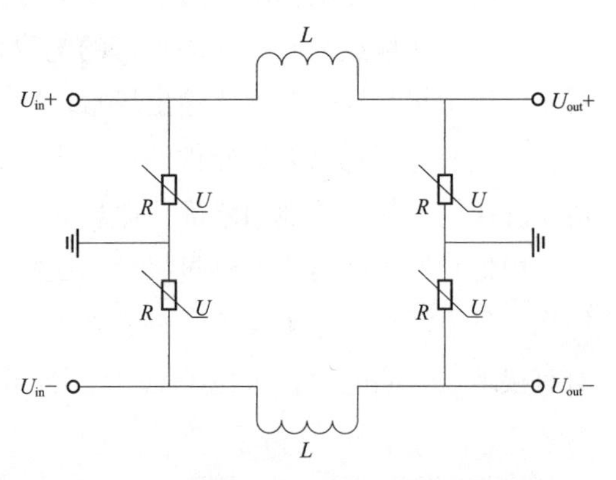

图2–16　暂态过电压抑制滤波装置原理

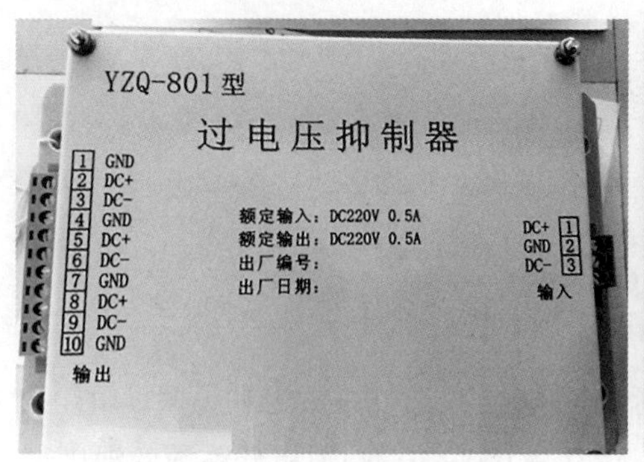

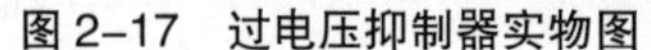
图 2-17　过电压抑制器实物图

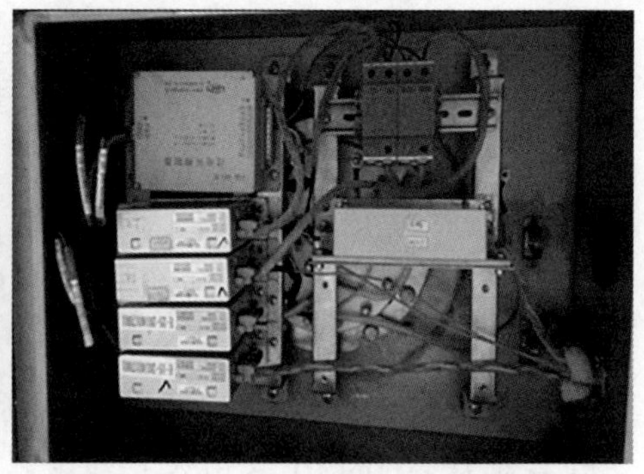
图 2-18　过电压抑制器实际应用环境

过电压抑制器的输入端接直流电源输入，输出端接采集单元电源端口，接线端口采用通用凤凰端子，保证接线可靠，内部元件采用环氧树脂浇注，增加器件绝缘性能，底板也采用绝缘板支撑，避免干扰信号越过抑制器直接影响电子器件。

在实际应用时，搭配屏蔽信号回路常用的浪涌保护端子，进一步增加电源回路抗干扰能力，过电压抑制器及浪涌端子的实际应用环境如图 2-18 所示。

为适应现场双套保护需求，图 2-16 中互感器为双结构配置，每组电流电压采集单元配套一个过电压抑制器和一个浪涌保护端子由一路电源供电，两组电源相互独立不受彼此影响。经验证，过电压抑制器可有效抵抗暂态过电压中地电位分布不均对互感器电源回路产生的影响。

（2）针对 VFTO 干扰的接地系统优化。由于快速暂态过电压在传播中导致地电位的瞬变，在地电位瞬变过程中会导致不同位置的地电位不同，且分布差异较大，在不同接地点之间会形成瞬态的电位差，此电位差会导致电子装置内部产生瞬态电流干扰，导致互感器输出异常。

通过改进互感器各元器件的安装方式，梳理接地回路关系后，优化产品的接地系统接线方式，接地回路优化原理如图 2-19 所示。

由优化原理图可得，经过接地系统接线优化后，采集单元相对采集器安装箱绝缘，且电源地也与采集单元外壳相连，可在地电位瞬变过程中保证电子装置的所有接地点为同电位，避免了地电位分布产生的问题。

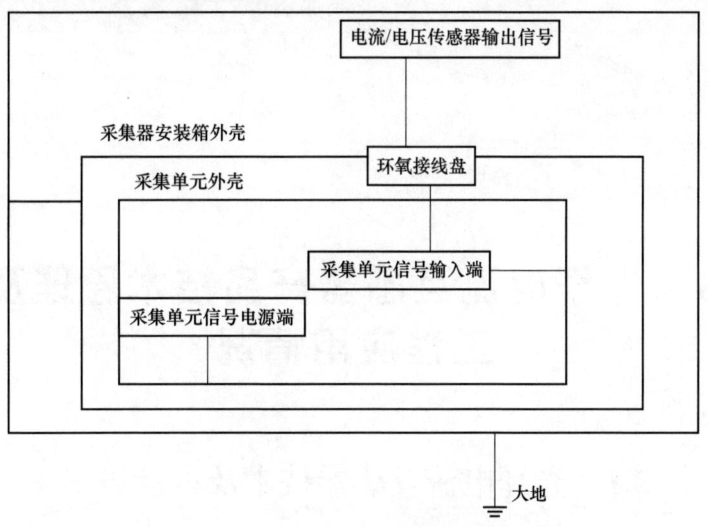

图 2-19　接地系统优化原理图

3　光纤电流互感器产品技术原理及工程应用情况

3.1　光纤电流互感器技术及设计方案

3.1.1　光纤电流互感器结构设计

全光纤电流互感器产品结构主要由光纤线圈、连接光缆（含护套或绝缘子）以及采集模块组成（见图 3-1）。采集模块最后输出的光纤数字信号通过合并单元（MU）的同步采样和数据处理之后，按照规定的格式并遵循 IEC 61850-9-2LE 协议发送给后端继电保护、测量控制和计量等设备。合并单元装置可以配套

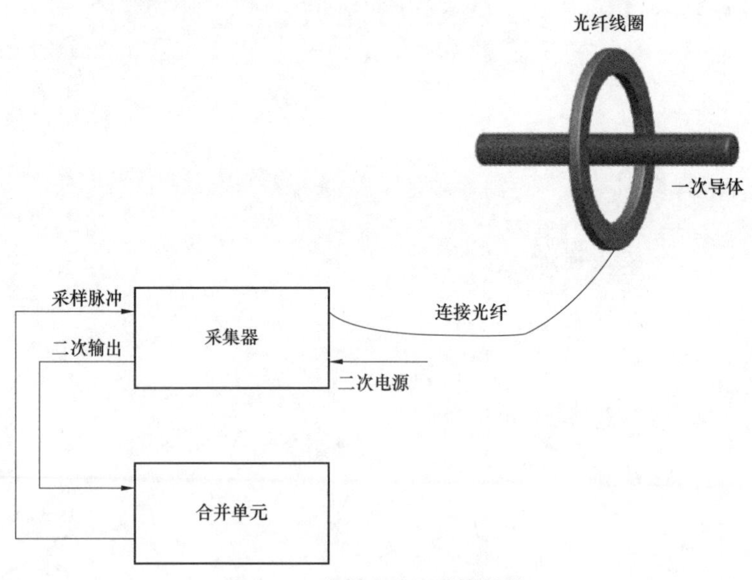

图 3-1　光纤电流互感器结构

全光纤电流互感器一体化提供，也可以单独采购按要求配置。

光纤线圈处于高压侧，采集器处于低压侧，在实际应用中，联结光纤应附加适当的外绝缘。采集器与合并单元之间采用光纤通信方式，通常每个间隔配置 1 个（双套独立配置时，2 个）合并单元，以合并本间隔的三相电流。

（1）光纤线圈设计。光纤线圈安装在高压一次设备侧，主要起测量电流的作用。敏感环的光纤传感器部分由 1/4 波片，感应光纤和反射镜组成，通过熔接形成一个无源传感器件。在敏感环内部，装有两组传感光纤组成的敏感线圈，分别独立运行，与二次机箱内的 A 套、B 套采集模块熔接。其原理如图 3-2 所示。

全光纤电流互感器的光纤线圈是一个非磁性金属环，里面包裹着多圈光纤。敏感环尺寸根据安装需求有大、中、小之分，一般内圈直径从 100~900mm 不等，特殊的还可以定制。

根据使用场合不同，光纤线圈外壳有铝合金类金属材料的，也有环氧树脂等非金属材料，敏感光纤绕制在壳体骨架上或订制的石英玻璃骨架上。

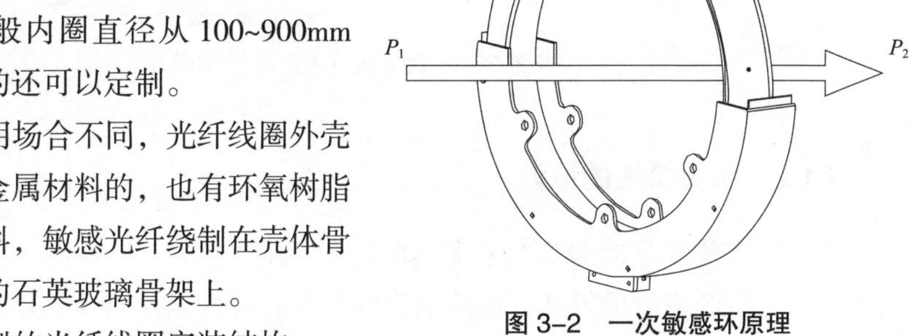

图 3-2 一次敏感环原理

（2）典型的光纤线圈安装结构。

1）地电位安装：如 110kV 的 GIS 三相共箱式安装，220kV 及以上电压等级单相 GIS 筒外、罐式断路器和变压器的绝缘子外面。

2）高电压绝缘支柱式安装：高压母线可直接从敏感环穿心而过，也可通过支架固定装置安装。

3）与其他高压设备集成安装：如 DCB 集成式、直流 DC-DC 变换器集成、变压器出线套管集成等。

辽宁盘锦南环 220kV 智能变电站示范工程（简称南环站）光 TA 采用的就是地电位安装方式，结构设计上考虑到了以下三点：

1）罐体法兰间装有非金属材料垫圈其作用是隔开两边法兰，以防止敏感环内部产生环流影响测量精度；

2）上、下防护罩对一次部分光纤线圈起到防尘、防雨作用；

3）光纤线圈内圈与 GIS 法兰之间垫有一圈环形橡胶垫，用于减振。

220kV 光 TA 产品结构图如图 3-3 所示。

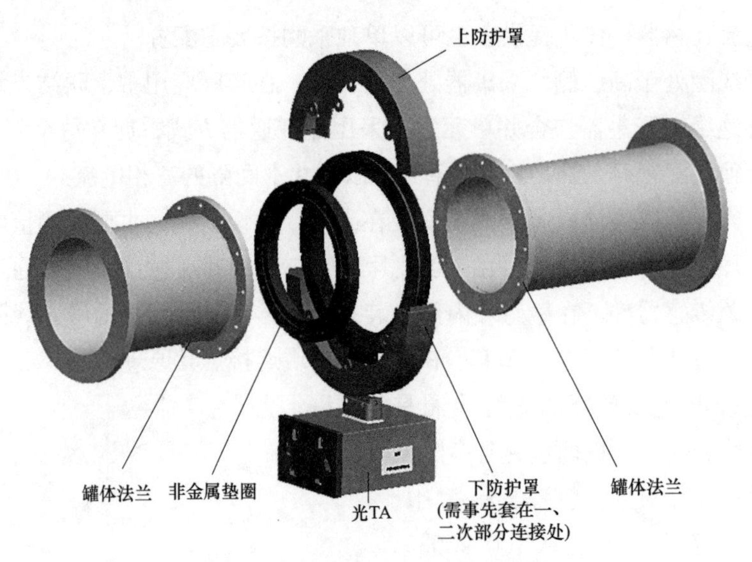

图 3–3　220kV 光 TA 产品结构图

3.1.2　采集模块的设计

全光纤电流互感器的二次采集模块是集光路、电路与一体的多功能模块，它用来实现光探测信号的发送、电流信息的采集和处理以及与合并单元的通信等功能，是全光纤电流互感器所有和唯一的电气部分。

采集模块内部结构主要包括：供电的滤波器和电源；驱动板控制激光器运行；光路板上的环行器、接收器、调制器进行光信号的转换；CPU 板对各种光、电信号进行控制，并通过光纤实现与合并单元之间调制信号的收发。其原理框图如图 3–4 所示。

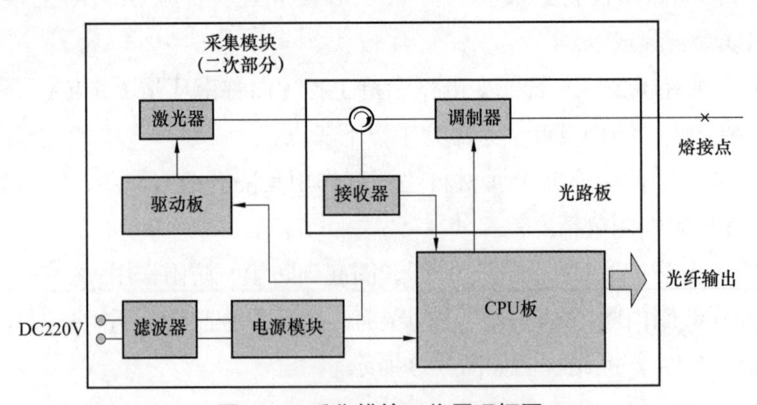

图 3–4　采集模块工作原理框图

采集模块作为光、机、电一体化的精密设备，应从电磁兼容防护、密封及散热、抗振减振等方面综合考虑来设计，确保其结构在复杂使用条件下的长期稳定性和可靠性。工程上二次部分的防护机箱主要是采取两种方式实现：户外密封箱体结构和汇控柜内机箱结构。

采用汇控柜内机箱结构方式的采集模块，因汇控柜内温度、湿度、振动等外部影响因素得到控制，使用条件比较良好，设计较为简单。

采用户外密封箱体结构方式的采集模块，一般采用钣金或焊接的矩形箱体，连到内部的光缆、电缆通过箱体上的开孔与外界连接，所有接缝和开孔均需进行密封和电磁屏蔽设计。南环站光 TA 即为此种设计方案，投运初期该二次机箱悬吊于一次传感部分的正下方，机箱内装有两套采集模块。其结构如图 3–5 所示。

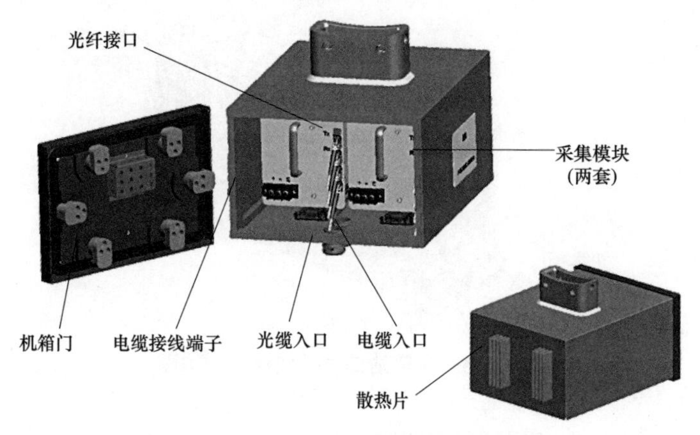

图 3–5　南环站二次机箱结构图

为保证箱体能满足防尘防污，保持箱内空气洁净的需要，箱体整体设计为：箱内空间与外部环境相对隔离，保持箱体一定程度的密封。

光 TA 二次机箱主要由箱体、机箱门两部分组成。其中箱体顶部焊有一转接件。箱体底部开有 2 个圆孔，便于光缆、电缆进入。因此在箱体与外部空间联通的部位都有密封措施，主要位置有三处：

（1）箱体门与箱体扣合面上的一圈 O 形密封圈；

（2）两个采集模块上的散热片伸出箱体的位置分别装有 O 形密封圈；

（3）光缆、电缆入口处波纹管自带的 O 形密封圈。

另外，为了便于检测与维修，机箱与机柜之间是通过可伸缩的导轨实现连成一体的。伸缩导轨为三节滚动式钢制导轨。其结构由外导轨、中导轨、内导轨、滑块、滚珠等组成。安装方式为三节导轨的外导轨采用螺钉紧固于箱体底面上，内导轨用螺钉固定在二次模块的过渡铝板上，再整体卡装在中导轨上。该伸缩导轨具有间隙小、厚度薄（12.5mm），承载量大，推拉自如超静音等优点。二次采集模块装在导轨上推到位后，可从机箱后部伸出，并分别用 6 个 M4 的螺钉紧固。

二次采集模块结构如图 3–6 所示。

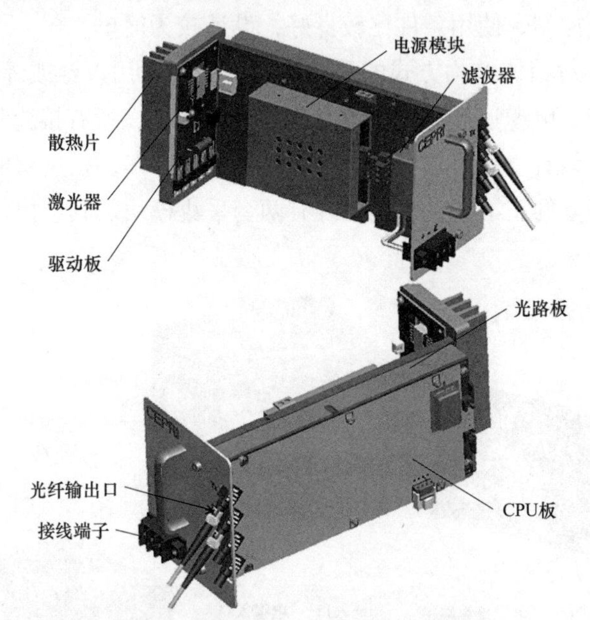

图 3–6　南环站二次采集模块结构图

3.1.3　光纤电流互感器检测系统

光纤电流互感器的检测系统如图 3–7 所示。

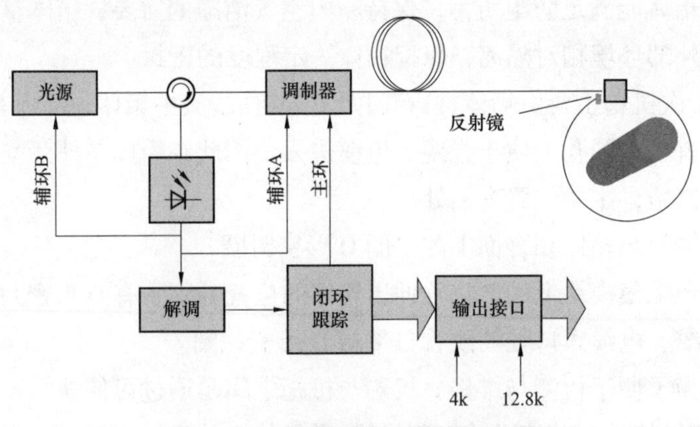

图 3–7　光纤电流互感器检测系统

采集器中包括激光器、调制器、探测器以及配套电路，光纤线圈的末端装有反射镜，将光沿原路返回（这种光路结构可抵抗大部分环境应力），可使法拉第效应加倍。整个光路构成一个反射式 sagnac 干涉仪，当检测到法拉第偏转角时，通过调制器注入负反馈量，使干涉仪始终工作在响应度最灵敏的静态工作点附近。闭环检测可抵消因光源功率波动、光回路损耗带来的影响，同时可使光纤互感器在 0~1000kA 范围内保持准确的线性传变。

3.2　光纤电流互感器工程应用情况分析

以南环站示范工程为例说明光纤电流互感器的工程应用情况。

3.2.1　南环站工程光纤电流互感器示范概况

南环站是国网辽宁省电力有限公司 2013 年重点基建工程，规划占地面积 11939m^{2}，目前安装 120MVA 主变压器 1 台，220kV 进出线共 8 回，66kV 出线 12 回。按照公司计划该变电站由前期常规变电站改为智能变电站。220kV 侧及主变压器低压侧全部采用由全球能源互联网研究院自主研发的全光纤电流互感器，其中 220kV 侧采用外卡式结构与平高电气集团生产的 GIS 集成，而主变压器低压侧采用三相共箱内置式结构与新东北电气集团生产的 GIS 集成。每相 TA 采用独立的双套配置，全站安装光 TA 共 66 套。测量和保护精度达到 0.2/5TPE 级。图 3-8 为变电站 2014 年 1 月投运前现场图片。图 3-9 为当时全光纤电流互感器。该站目前已实现近 3 年的安全稳定运行。

图 3-8　南环站投运前现场

图 3-9　全光纤电流互感器

3.2.2 南环站光纤电流互感器总体集成安装形式

由于全光纤电流互感器在户外恶劣环境下长期工作，必须经受诸如恶劣的电磁环境、室外高低温交变、断路器分合闸产生的振动对产品的全方位考验，因此在结构上应综合考虑上述因素，尽量减少外部环境对其的影响，以增强产品长期运行的稳定性。

针对上述问题，首先优化了产品设计，通过技术手段提高产品的电磁兼容防护性能，确保远端模块在恶劣电磁环境下不会发生通信异常、采样异常等异常情况，不会引起保护的误动；其次，对全光纤电流互感器重新进行了防护密封及散热设计，对温度场进行优化，确保环境温度为 –40 ~ +70℃的宽温度范围内达到相应准确级要求；最后，进行抗振性能的测试和研究，模拟断路器分、合闸产生的振动对电子式互感器的影响，增加了产品的减振设计，并通过振动试验优化产品设计，确保在允许的振动作用下无可见损伤、绝缘无劣化且准确度不受影响。

（1）220kV 侧集成方式。南环站的 GIS 线路间隔、母联间隔、主变压器高压侧等位置的 220kV 光 TA 均为双套配置，每套装置中包含两组独立的电流传感系统。两组敏感线圈共用同一个一次本体，两组采集模块公用同一个二次机箱。每个采集模块对一个传感器的输出信号进行采样，输出至一个 MU，两路采集模块独立电源。

图 3–10　220kV 光 TA 现场安装位置图

二次采集器机箱就地置于 GIS 管母下方的龙门钢架上，具有良好的防护措施，能满足 IP54 防护要求，同时隔离了断路器分、合闸的振动对全光纤电流互感器的影响。中间的连接光缆以金属波纹管保护。二次机箱进线也由原来的上进线改为了目前的下进线。

220kV 光 TA 现场实际安装位置如图 3–10 所示。

（2）66kV 侧集成方式。三相共箱结构主变压器低压侧 66kV 光 TA 为双套配置三相共箱结构，每相电流由两组独立的电流传感系统同时测量，3 组敏感线圈共用一个一次本体，6 个采集模块共用一个二次机箱。每个采集模块对一个传感器的输出信号进行采样，输出至一个 MU，两路采集模块独立电源，结构如图 3-11 所示。

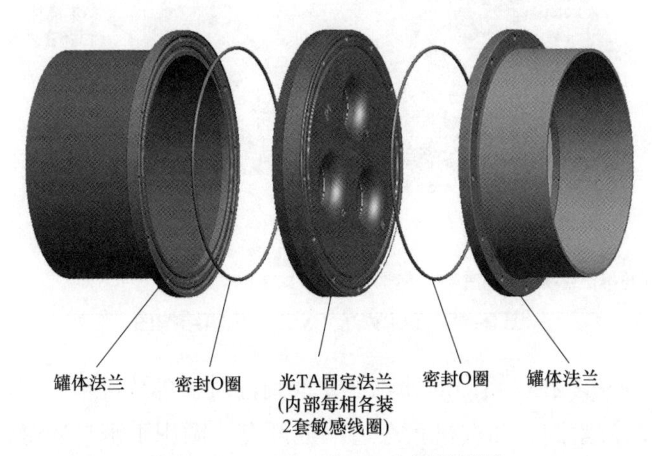

图 3-11　66kV 光 TA 产品设计图

66kV 光 TA 由铝合金加工而成的固定法兰内部装有 3 组敏感线圈，每组均为双套配置。在固定法兰内部，装有 3 组敏感线圈，分别测量 A、B、C 相电流，每组敏感线圈出 2 路光纤，总计 6 路从法兰下部经过波纹管进入二次机箱。

66kV 光 TA 一次固定法兰内部结构如图 3-12 所示。

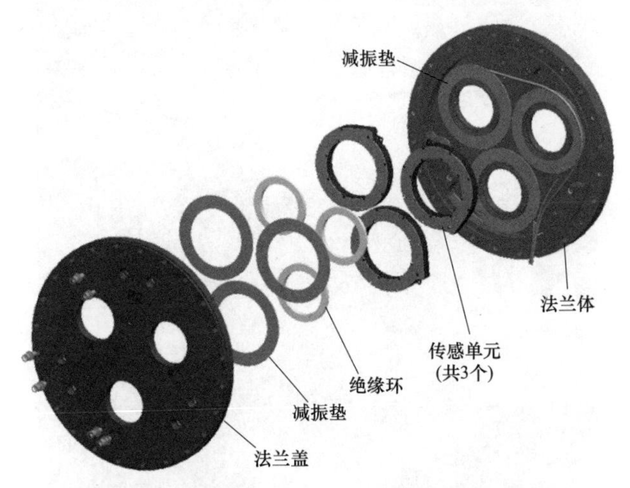

图 3-12　66kV 光 TA 一次固定法兰内部结构图

安装采集模块的二次机箱就地安装于 GIS 底座上，具有良好的防护措施，能达到 IP55 的防护等级要求。二次机箱是由铝合金焊接加工而成，主要由箱体、机箱门两部分组成。其中箱体顶部开有一个孔便于一次部分的光纤引入。箱体底部开有 4 个圆孔，便于 2 组光缆、电缆进入，如图 3-13 所示。

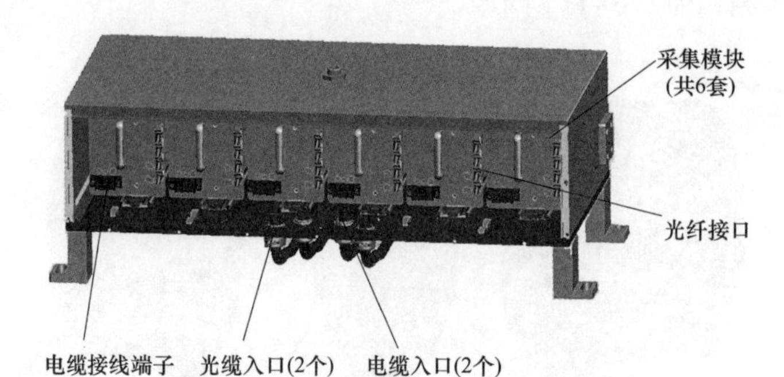

图 3-13　66kV 光 TA 二次机箱结构图

二次采集模块装在机箱内的导轨上，推到位后，可从机箱后部伸出，并分别用 6 个 M4 的螺钉紧固；二次机箱在边框上开有一圈用于密封的密封槽，密封门扣好后用一圈沉头的 M4 螺钉拧紧即可。

现场实际安装位置如图 3-14 所示。

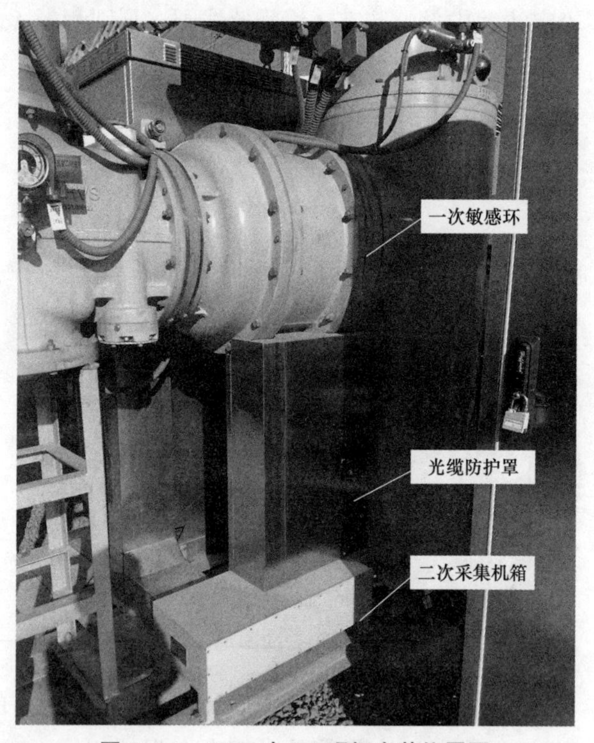

图 3-14　66kV 光 TA 现场安装位置图

3.2.3　南环站光纤电流互感器现场测试及运维技术

1. 现场试验

目前全光纤电流互感器缺少现场交接试验规程，为保证产品安全可靠运行，应对现场安装的每一台产品进行测试。根据不同工程试验条件，试验项目选择上应采用宁多十项不少一项的原则。

（1）标志检验。

检验方法：检查互感器外观、铭牌、接线端子标志。

通过条件：互感器外观与使用状态相符，铭牌标志齐全，可识别出一次端子P1、P2标志和二次输出光纤。

标志检验技术要求表见表3–1。

表3–1　　标志检验技术要求表

序号	检验项目	技术要求
1	外形尺寸 安装尺寸 外观检查	测量各安装尺寸，颜色、外表质量等符合图纸或规定要求，喷涂层附着力试验符合规定要求
2	结构件安装检查	（1）焊接、铆接结构符合图纸或规定要求，开门角度不小于90°，电镀件无起皮、胶落、生锈等现象，外壳防护等级不低于IP54。 （2）应保证各个电路板上的接插端子位置正确，插接到位，无松脱。 （3）所有接地点应有效接地。 （4）各紧固螺钉、螺栓无松动、无遗漏。螺母垫片数量符合要求
3	装置铭牌的安装检查	装置应配备一个铭牌固定在不更换的处于明显位置的零件上，其内容至少应标明：①厂名或商标；②产品名称或型号规格；③制造年月；④出厂编号；⑤额定频率；⑥额定工作电压；⑦额定电流
4	清洁检查	装置内应无灰尘、铁屑、线头等杂物

（2）低压器件的工频耐压试验。低压器件的工频耐压试验是考核二次器件绝缘性能的一项试验。在现场条件限制下，可使用2.5kV绝缘电阻表进行耐压试验。将直流电源正负极短接，对地施加试验电压，1min内应无击穿和放电现象。

（3）准确度试验。准确度试验是现场交接试验中必不可少的试验项目。为保证产品的测量准确度，出厂时应按照型式试验要求进行，但只要对相同互感器的型式试验证实了减少测试点仍符合所规定准确级要求，则允许在现场交接试验中减少电流测试点。南环站精度试验即在5%、20%和50%额定电流下进行的。试验原理图如图3–15所示。

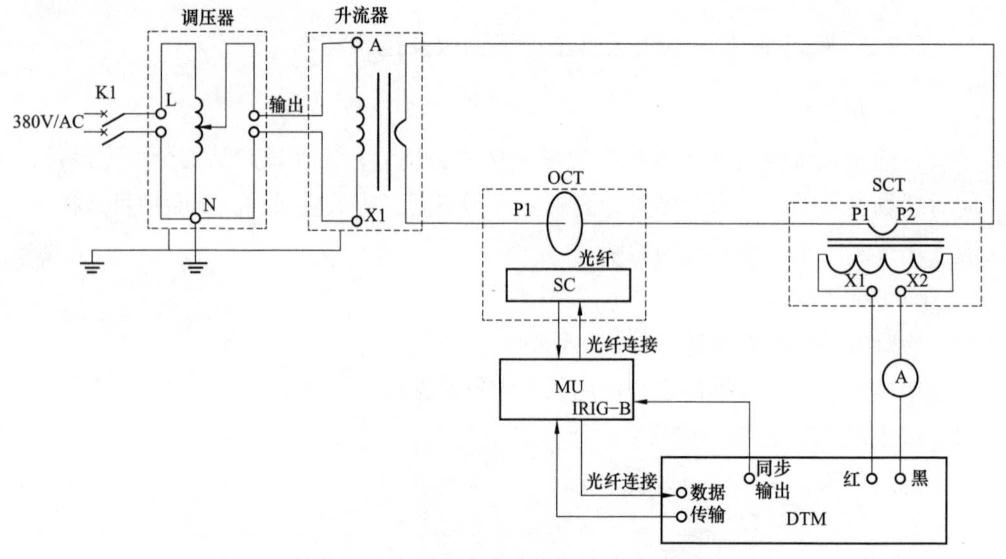

图 3-15　光纤电流互感器精度试验原理图

K1—电源开关；OCT—光电式电流互感器；SCT—标准电流互感器；
SC—二次采集器；MU—合并单元；DTM—电子式互感器校验仪；A—电流指示表

调压器和升流器可根据现场额定电流选择合适的参数，一次导线应选择载流量至少 2000A 的大电流试验线，电子式互感器校验仪需具有 IRIG-B 码输出功能，并且精度至少在 0.05 级以上。将标准电流互感器测得的不同额定电流百分比下的模拟量接入电子式互感器校验仪，同时将全光纤电流互感器测量的数字量通过合并单元也接入校验仪，计算得出比差值及角差值。互感器误差限值要求见表 3-2、表 3-3。对于超差的全光纤电流互感器，可通过修改互感器内部系数进行校正，以满足现场精度要求。

表 3-2　　　　　　　　　　测量误差限值

准确级	额定电流（%）比值误差（±%）					额定电流（%）相位误差（′）				
	1	5	20	100	120	1	5	20	100	120
0.2S	0.75	0.35	0.2	0.2	0.2	30	15	10	10	10
0.5S	1.5	0.75	0.5	0.5	0.5	90	45	30	30	30
0.1	—	0.4	0.2	0.1	0.1	—	15	8	5	5
0.2	—	0.75	0.35	0.2	0.2	—	30	15	10	10
0.5	—	1.5	0.75	0.5	0.5	—	90	45	30	30
1.0	—	3.0	1.5	1.0	1.0	—	180	90	60	60

注　120% 额定电流下所规定的电流误差和相位误差限值，应保持到额定扩大一次电流。

表 3-3 保护误差限值

准确级	在额定一次电流下的电流误差（%）	在额定一次电流下的相位误差（′）	在额定准确限值一次电流下的复合误差（%）	在准确限值条件下的最大峰值瞬时误差（%）
5TPE	± 1	± 60	5	10
5P	± 1	± 60	5	—
10P	± 3	—	10	—

试验前首先将穿过升流器以及标准互感器的一次导线一端接地，另一端接至出线套管上方端子上，如果出线套管接有一次引线应拆除，并挂上线路接地线。一次试验电流如图 3-16 粗实线部分所示，从母线侧接地开关流入，流经断路器、光纤电流互感器、线路侧隔离开关后，从出线套管上的试验导线流出，最后返回升流器形成回路。

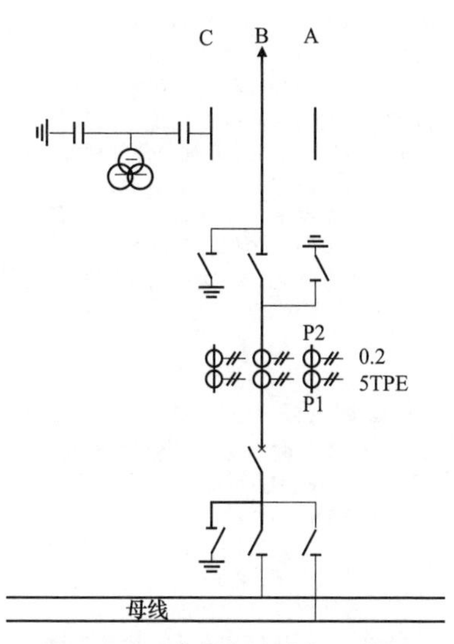

图 3-16 试验电流路径示意图

由于电流回路较长，试验导线阻抗较大，现场升至 100% 额定电流十分困难，所以，应选择容量较大的调压器以及升流器，以及截面积较大的试验导线,并尽量减短电流路径。另外，还可以用电容补偿法减小一次试验回路的阻抗。将电容器并联至升流器的输入端，通过并联电容器的数量来调节回路参数，以达到提高一次试验电流的目的。现场试验设备如图 3-17 所示。

（4）电磁兼容试验。现场在具备一定条件下，可选择性地进行电磁兼容性试验项目。南环站针对环牵线间隔分别进行了阻尼振荡波抗扰度检验、电快速瞬变脉冲群抗扰度检验和浪涌抗扰度检验，检验依据标准分别为 GB/T 17626.12—2013《电磁兼容 试验和测量技术 振铃波抗扰度试验》、GB/T 17626.4—2018《电磁兼容 试验和测量技术 电快速瞬变脉冲群抗扰度试验》、GB/T 17626.5—2008《电磁兼容 试验和测量技术 浪涌（冲击）抗扰度试验》。试验技术要求及结果见表 3-4。

图 3-17 现场试验设备

表 3-4　　南环站电磁兼容试验汇总表

检验项目	检验要求	骚扰施加方法与观察结果		
阻尼振荡波抗扰度检验	（1）严酷等级：3 级 共模 2.5kV，差模 2.5kV； （2）脉冲重复率：1MHz 为 400 次 /s，100kHz 为 40 次 /s； （3）脉冲持续时间：3s； （4）第一半波极性：正、负； （5）检验回路：电子式互感器一次输入回路，系统地（采集器外壳），采集器、合并单元、智能终端共用辅助电源； （6）系统工作状态：二次设备上电正常工作，系统通信处于正常状态，一次设备未运行	测试端口	施加方法	观察结果
		电子式互感器一次输入回路	合一路隔离开关使电子式互感器一端输入与大地形成回路，骚扰信号于该回路施加	主控室未出现报警信息，录波装置未发现报文丢失
		系统地（采集器外壳）	骚扰设备输出信号线搭接于采集器外壳	主控室未出现报警信息，录波装置为发现报文丢失
				录波装置未发现报文丢失
		采集器、合并单元、智能终端共用辅助电源	骚扰信号施加于辅助电源总输入点，该输入点分 1 号电源和 2 号电源	对 1 号电源施加 100kHz、差模 2.5 kV 骚扰时，主控室监控系统报直流电源系统异常和交流电源系统异常； 对 2 号电源施加 1MHz、共模 2.5kV 骚扰和 100kHz、差模 2.5 kV 骚扰时，主控室监控系统报直流电源系统异常和交流电源系统异常
				录波装置未发现报文丢失
电快速瞬变脉冲群抗扰度检验	（1）严酷等级：±4.8kV/5kHz 和 100kHz； （2）检验回路：电子式互感器一次输入回路，系统地（采集器外壳），采集器、合并单元、智能终端共用辅助电源； （3）骚扰施加方式：耦合去耦网络； （4）检验时间：各极性 60s； （5）系统工作状态：二次设备上电正常工作，系统通信处于正常状态，一次设备未运行	测试端口	施加方法	观察结果
		电子式互感器一次输入回路	合一路隔离开关使电子式互感器一端输入与大地形成回路，骚扰信号于该回路施加	主控室未出现报警信息，录波装置未发现报文丢失
		系统地（采集器外壳）	骚扰设备输出信号线搭接于采集器外壳	主控室未出现报警信息，录波装置未发现报文丢失
		采集器、合并单元、智能终端共用辅助电源	骚扰信号施加于辅助电源总输入点，该输入点分 1 号电源和 2 号电源	主控室未出现报警信息，录波装置未发现报文丢失
浪涌抗扰度检验	（1）严酷等级：4 级 线—地 ±4kV，线—线 ±2kV； （2）脉冲重复率：1 次 /10s； （3）源阻抗：线—地 12Ω，线—线 2Ω； （4）检验回路：电子式互感器一次输入回路，系统地（采集器外壳），采集器、合并单元、智能终端共用辅助电源； （5）检验次数：各被试回路、各极性五次； （6）系统工作状态：二次设备上电正常工作，系统通信处于正常状态，一次设备未运行	测试端口	施加方法	观察结果
		电子式互感器一次输入回路	合一路隔离开关使电子式互感器一端输入与大地形成回路，骚扰信号于该回路施加	主控室未出现报警信息，录波装置未发现报文丢失
		系统地（采集器外壳）	骚扰设备输出信号线搭接于采集器外壳	系统中螺栓连接处出现放电现象，具体放电点见图 3-18
				主控室未出现报警信息，录波装置未发现报文丢失
		采集器、合并单元、智能终端共用辅助电源	骚扰信号施加于辅助电源总输入点，该输入点分 1 号电源和 2 告电源	对 1 号电源和 2 号电源施加线对地和线对线骚扰时，主控室监控系统报直流电源系统异常和交流电源系统异常
				录波装置未发现报文丢失

在对环牵线 A 相外壳进行浪涌测试时，悬挂结构与管母法兰连接处出现放电现象，但全光纤电流互感器设备本身未出现异常。后来的结构优化，取消了悬挂式结构件，二次采集箱改为放置在龙门架上，此问题也随之解决。

图 3-18　电容兼容试验现场测试图

（5）可靠性试验。全光纤电流互感器的可靠性试验包含两部分，一是振动试验，二是功能检查。可靠性试验是现场试验中必不可少的试验项目。

1）振动试验。振动试验的方法比较简单，当全光纤电流互感器调试基本完成后，在不施加一次电流的情况下，将互感器上电运行，通过故障录波装置记录下断路器分合时的波形。南环站工程 C 相全光纤电流互感器振动试验不合格，引起保护动作波形如图 3-19 所示。

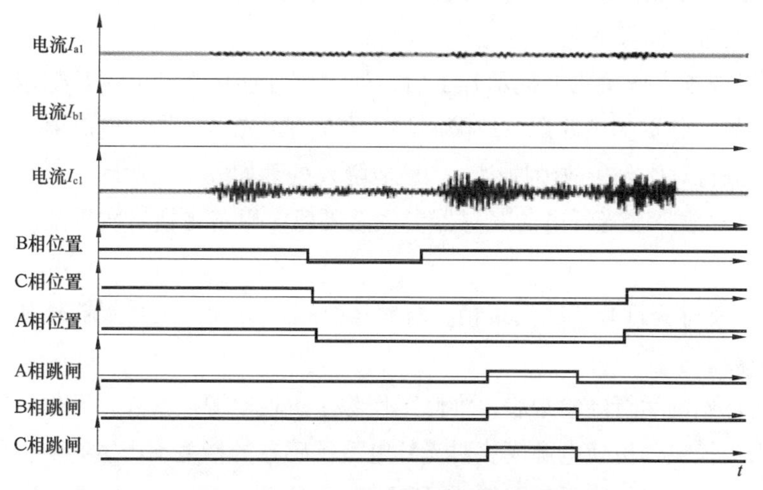

图 3-19　全光纤电流互感器振动录波

正常情况下全光纤电流互感器输出波形应无畸变，在断路器分合过程中，不允许出现通信中断、采样无效、丢包等故障。

2）功能检查。针对全光纤电流互感器，具体方法应根据产品具体结构进行，包括断开互感器与合并单元之间的连接光纤、关闭全光纤电流互感器供电电源等操作，检查其告警逻辑是否正确、数字状态位是否正常上传告知互感器需要检修或者置采样数据无效。

2. 运维技术

南环站是国内首座全站应用全光纤电流互感器的智能变电站，目前相关运维经验还在不断积累中，技术规程规范也在逐渐完善，本书从日常运维管理以及故障维修两方面做以简单介绍。

（1）日常的运维管理。

1）变电所值班人员应定期巡视。尤其高温、高湿、气象异常、高负荷、自然灾害期间和事后，应及时巡视。检查设备外观有无损坏，与互感器相关的二次设备以及仪表指示（测量值、保护值）是否出现异常或报警。运行中随时关注“电子式互感器接受异常”信号，如有持续报警应及时联系厂家到现场解决。

2）光纤电流互感器设备技术资料、出厂试验报告、交接试验报告、运行中巡检记录、定期在线监测记录、历次检修及故障处理记录应妥善保管，以备后续查寻使用。

（2）故障维修。由于组成全光纤电流互感器的系统较为复杂，所以其内部故障类型也较多，南环站应用中将内部故障信息合并成一个报警信号，故障排查应按下列步骤进行：

1）通过主控室后台查看报警光字牌情况，通过网络分析仪，查找并记录故障间隔、报警时间等信息。

2）待现场工作负责人提示开工后，通过软件连接光纤电流互感器，读取内部状态参数，分别测试并记录故障间隔 6 套光 TA 光强、噪声电流值，与上一次测试结果进行对比分析故障原因。一般故障及处理如表 3–5 所示。

3）保存故障套光纤电流互感器参数至硬盘。以备更换二次采集模块后下载原参数。

4）必要时应打开二次采集箱，观察运行指示灯和二次采集器外观，进一步确认故障点。

从南环站的运行经验来看，维修工作除了更换电源模块外，其他故障均需更换二次采集模块。更换电源模块对光纤电流互感器的精度不产生影响，所以不需要进行试验，其工作流程如图 3–20 所示。

表 3-5　　　　全光纤电流互感器一般故障及处理

序号	故障现象	解决方案
1	无数据输出	观察二次采集器是否有受潮、腐蚀；电路板是否有脱焊、短路情况，检查二次采集器电源模块输出是否为 5V；更换电源模块及 CPU 板不需要精度校正
2	同步丢失	检查通信光纤接口是否牢固；检查合并单元同步状态；确认合并单元发出的同步采样字符
3	告警信息	无持续故障时，告警信息可自动消除；如出现持续告警，可根据故障代码查找原因；现场无法排除故障时可更换二次模块
4	波形异常	检查电源电压是否正确；检查状态信息及故障代码；现场无法排除故障时可更换采集模块
5	通道链路中断	清洁光纤接头端面，测试光纤损耗，一般在 2~3dB 之间，超过 4dB 应更换光纤或采用光纤备用通道

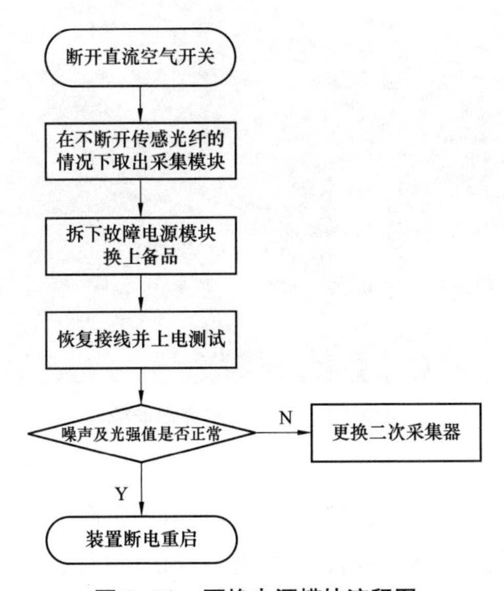

图 3-20　更换电源模块流程图

更换二次采集模块较为复杂，更换后需进行准确度试验，所需仪器工具见表 3-6，具体操作步骤如下：

投入 TA 故障间隔的单套 MU 检修硬压板，投入光 TA 故障间隔的单套线路（变压器）保护、母线保护检修硬压板。如果停运的单套线路保护重合闸为投入，需将另一套线路保护重合闸投入。

待故障排查完成，确定故障需更换二次采集模块后，断开光 TA 直流空气开关。

开箱更换故障二次采集模块，熔接完成后恢复接线。

下载之前保存的相应参数至新的二次采集模块中，记录噪声电流值及光强值。

通流试验前，需拔掉两套合并单元输出光纤，并做好标记。为便于恢复，可只拔掉 TX 光纤。单套合并单元背板接线如图 3–21 所示。

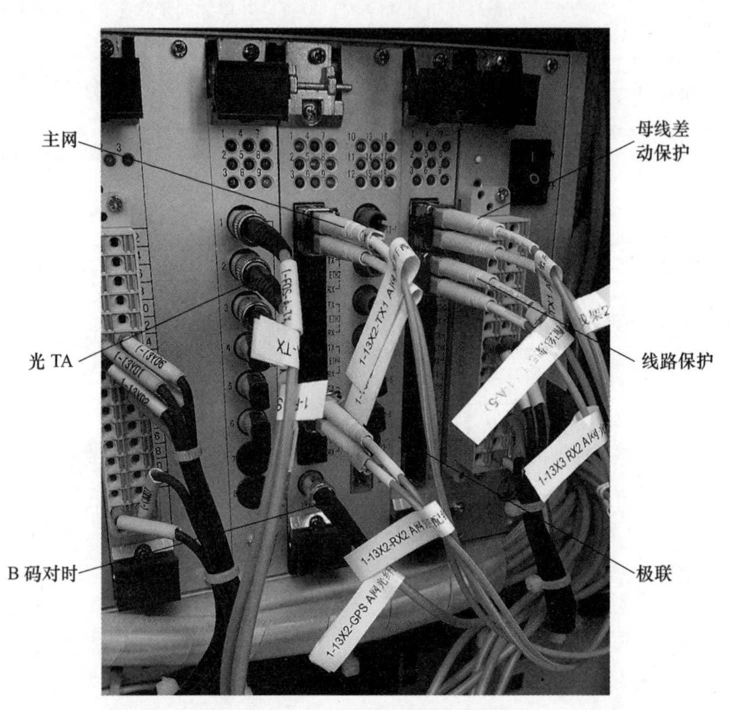

图 3–21　合并单元背板接线

互感器校验仪先接正常套合并单元进行测试。有两个目的，一是检查并记录正常套光 TA 精度，可通过整体系数适当进行校正；二是确定一次试验接线正确，作为极性参考。

换故障套合并单元进行测试，极性校正应与正常套合并单元相同，精度校正应满足测量 0.2 级，保护 5TPE 级要求。

测试完成后恢复合并单元光纤，并将二次采集器断电重启。

检查合并单元前面板运行指示灯是否正确，AtoB 报警灯亮说明合并单元光纤跳线接反。

检查主控室光字牌报警是否消除，报文分析中噪声电流是否正常。

送电后需在母差保护及线路保护中核对电流信息，无误后方可投入相应保护。

表 3–6　　现场试验仪器设备一览表

序号	设备名称	数量	备注
1	调压器	1 台	工作电压 380V 或 220V
2	升流器	1 台	配合调压器使用
3	标准互感器	1 台	变比应满足工程需要
4	电子式互感器校验仪	1 台	需配套试验光纤跳线
5	光纤熔接机	1 台	附带相关配件
6	通光笔	1 个	
7	笔记本电脑	1 台	需安装调试软件
8	调试模块	1 个	
9	采集器备品	根据现场需求而定	应检查密封圈、滑轨等
10	电源模块	1 个	
11	3.0 内六角扳手	2 个	
12	5.0 内六角扳手	2 个	
13	电烙铁及焊锡	1 个	附带焊锡

3.3　光纤电流互感器工程应用中的问题及相应对策

自 2014 年 1 月南环站投入运行以来，全光纤电流互感器运行情况良好。正确动作了 2 次，但也因为机箱结构设计问题而漏雨导致保护误动作 1 次。从 2015 年初，逐步优化设计方案，并在现场逐个间隔依次进行了整改，分别解决了二次采集箱防护问题，振动问题。目前出现最多的是激光器光功率逐渐下降问题。从南环站 66 套光 TA 运行情况来看，光强下降的现象是偶发的，未出现同时大面积故障。截至目前，已知的影响光源功率下降的因素均已消除，由于光强下降引发异常告警的光 TA 也已更换备品，其余各套均正常运行，光强处于正常值范围。激光器功率下降属于长期可靠性问题，虽然对激光器封装工艺进行了改进，但仍需要现场长时间实际应用来验证。下面针对光纤电缆互感器工程应用中出现的问题展开分析。

3.3.1　光纤电缆互感器振动问题分析

2014 年 3 月 13 日南环站调试过程中，继电保护人员在空合出线断路器时，A 套线路保护 103B 动作跳闸，报突变量启动，手合后加速动作，距离永跳出口，计算阻抗值为 0，B 套线路保护未动作。线路在无压无流情况下跳闸，且双套线路保护只有 1 套动作。调试人员又进行了 3 次断路器分合试验，其中继电保护动作了 1 次，仍然只有 A 套保护动作，另 2 次保护均未动作。现场人员调取的继电保护动作故障录波，如图 3-22 所示。

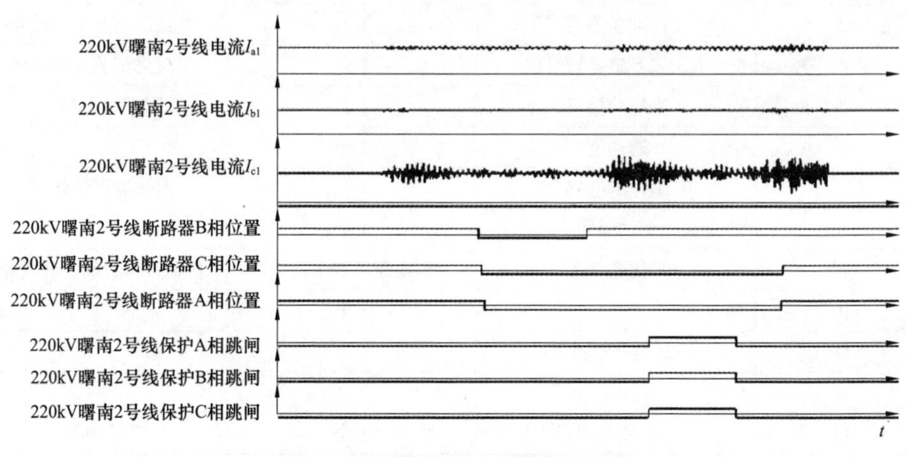

图 3-22　继电保护动作故障录波图

由图 3-22 可看出，在断路器动作过程中，A 套 C 相出现了明显的噪声电流，最大二次值达到 0.48A。经谐波分析，其主要集中在 7 次和 15 次谐波左右，基波接近 0。

（1）非周期性电流的来源分析。从全光纤电流互感器到保护装置整个二次回路均采用数字化光纤传输，又因为噪声电流是在线路无压无流情况下产生的，所以排除了外界的电磁干扰问题。因为全光纤电流互感器是首次在 GIS 断路器上应用，其安装位置靠近断路器，并且噪声电流正是在断路器动作过程中才出现，所以初步分析：是因为全光纤电流互感器受到了断路器机构所产生振动的影响，从而影响了其传变特性。

分析全光纤电流互感器的光路特性，从原理上来看，越靠近反射镜端受到振动的影响越小，相反越靠近光源端受振动影响则越大。根据这一理论，对 GIS 型全光纤电流互感器做了相关试验。将 C 相二次采集模块从二次采集箱中拿出，使其与 GIS 本体分离，再进行分合断路器的操作，录波波形如图 3-23 所示。

从图 3-23 可看出，取出采集模块的 C 相完全没有任何噪声电流，A 和 B 相噪声电流仍然存在，只是较小。试验结果与原理分析完全符合。全光纤电流互感器生产过程中有手工工艺环节，存在制作差异，而且断路器三相振动情况也比较复杂，这造成三相噪声电流各不相同的现象。

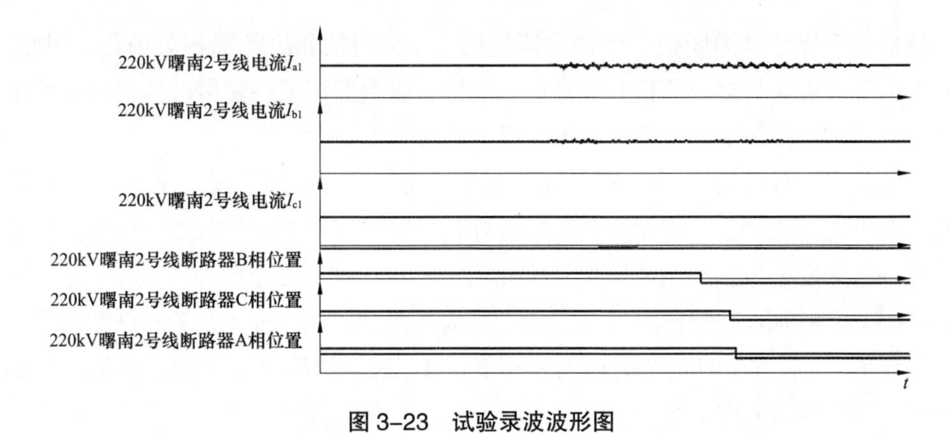

图 3-23　试验录波波形图

（2）保护动作原理分析。从图 3-24 所示的线路保护简要的逻辑框图来说明继电保护动作的过程。

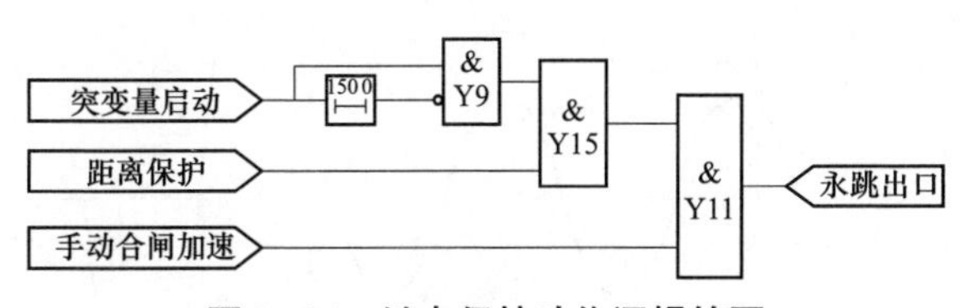

图 3-24　继电保护动作逻辑简图

a. 此非周期性噪声电流引起突变量元件启动。在 150 ms 内短时开放测量元件。

b. 由于试验状态，母线隔离开关未合，此时装置无电压，保护装置计算阻抗值为 0，满足了距离保护阻抗定值要求。

c. 三相开关跳位 10s 后又有电流突变量启动，则判为手动合闸，投入手合加速功能。

满足上述 a、b、c 三个条件后，距离保护动作永跳出口。由此可见，保护装置属于正常动作。虽然在正常投运合闸或线路故障消除重合闸过程中，由于母线带电，此非周期性噪声电流不会使保护装置计算阻抗值达到其动作值，不影响开关分合，但突变量元件因开关的振动仍会启动，提高了保护误动的概率，而且在对侧站给本侧站充电的情况下，也会存在无法合上断路器的风险。

另外，3 次试验中，只有 1 次突变量启动，而另 2 次均没有启动，同样的非周期性电流却引起不同的结果，这要从突变量启动的原理以及算法进一步进行分析。

电流突变量启动元件在微机保护特别是高压线路的保护中常被用作被保护对象是否发生故障的先行判据，一旦突变量元件动作说明保护区内可能发生了故障，立刻转入故障判别程序，若确诊为故障则出口跳闸或报警；此外，突变量元件还广泛应用于操作电源闭锁、保护定值切换、振荡闭锁和故障选相等场合。因此，要求突变量启动判据必须具有极高的灵敏性，以免漏掉某些轻微故障而造成严重后果；同时，在保证灵敏性的前提下尽可能减少误动。

线路发生故障时，短路示意如图 3–25 所示（图中的虚线表示假设没有故障发生时的电流波形）。当系统在正常运行时，这时 i_k 和 i_{k-T} 应当接近相等。如果在某一时刻发生短路，则故障电流突然增大，将出现突变量电流。其中，i_k 表示 $t=k$ 时刻的测量电流采样值；i_{k-T} 表示 k 时刻之前一周期，即 $t=k-T$ 时刻的测量电流采样值；i_{k-2T} 即 k 时刻 2 周前的采样值；Δi_k 表示故障突变量的计算值；$T=24$ 为工频信号周期采样点数。

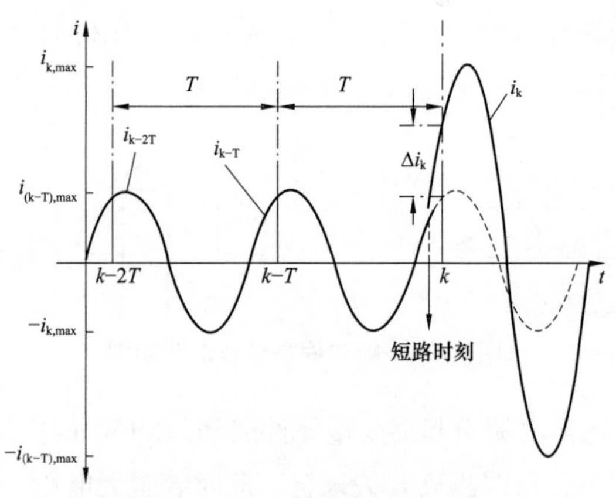

图 3–25　故障前后的电流波形

由此可得到突变量电流的采样值计算公式

$$\Delta\ i_k = ||\ i_k - i_k - T\ ||\quad i_k - T - i_k - 2T\ || \tag{3–1}$$

其判据为

$$\Delta\ i_k > I_{QD} \tag{3–2}$$

式中　I_{QD}——变化量启动电流定值。

根据式（3–1）、式（3–2），当任意相间电流突变量或零序电流突变量连续 4 次大于启动定值，保护启动。

此算法的局限性在于，负荷电流必须是稳定的，或者说负荷虽时时有变化，但不会在 1 个工频周期这样短的时间内突然变化很大，而全光纤电流互感器受振动影响而输出的是非工频随机的噪声电流，在每个周期内大小变化都不相同。所以，保护装置采样取 24 点时有可能是过 0 点，也有可能是峰值，此非周期分量电流大小刚好在定值 $0.15I_N$ 左右，加上任意相间电流突变量或零序电流突变量连续 4 次大于启动定值，保护才启动，所以出现了现场保护时动时不动的现象。

（3）问题解决方法。通过上述分析，可从两个方面来解决问题：①改进全光纤电流互感器生产工艺来弥补其原理上的不足；②改进继电保护装置算法，使其避开分合闸操作时的噪声电流干扰。然而，这两种方法都需要长时间研发与试验才能在工程中应用。为确保南环站工程安全稳定运行，提出了一种优化全光纤电流互感器结构的方法。由于原二次采集箱距离断路器较近，并且与管母之间是刚性连接，受到振动影响较大，如图 3–26（a）所示。现将二次采集箱拆离传感头并悬挂在独立的龙门架上，之间的传感光纤用波纹管保护，如图 3–26（b）所示。经过仿真计算，全光纤电流互感器结构的变化对本身性能及 GIS 断路器本体均无影响。更改后的全光纤电流互感器试验录波如图 3–27 所示。

(a)

(b)

图 3–26　全光纤电流互感器结构图

(a) 结构更改前；(b) 结构更改后

220kV曙南2号线电流I_{a1}

220kV曙南2号线电流I_{b1}

220kV曙南2号线电流I_{c1}

220kV曙南2号线断路器A相位置

220kV曙南2号线断路器B相位置

220kV曙南2号线断路器C相位置

t

图 3–27　结构优化后的试验录波波形图

通过图 3–27 可看出，优化结构后，三相均无噪声电流输出，保护装置未启动。现场的通流试验也验证了，优化结构后，全光纤电流互感器的输出精度未受影响，测量精度达到 0.2 级，保护精度达到 5TPE 级。

3.3.2　光纤电流互感器光功率下降问题分析

半导体激光器的可靠性一般常用平均寿命来表征，是指激光器发生失效前工作时间的平均值（MTTF）。激光器的寿命一般采用加速老化试验进行评估，加速试验是通过提高器件应力条件来加快器件失效，缩短了试验周期。通常选择增加温度和电流作为加速应力参数，并利用阿列纽斯定律推算出器件的工作寿命。目前，通信用的小功率激光器寿命可达百万小时以上，航天用 SLED 激光器的 MTTF 典型值为 53 万 h。

就目前掌握的情况来看，南环站所用的激光器明显未达到其使用寿命，发生故障的部分激光器只运行了不到 1 万 h。通过对光强的几次测量发现，光强下降是个逐渐发展的过程，光强首先下降至告警门限，随后逐渐下降至失效门限。未出现光强突然降低至失效门限的情况。当光强下降至告警门限时，光 TA 发出告警信号但仍可正常使用，这给维修和更换争取到了时间。

（1）光强下降对 TA 性能的影响分析。光 TA 采用闭环控制原理，在很大程度上可以抵抗光源功率波动带来的影响。为了研究光强下降对光 TA 性能的影响，单独进行了专项试验，通过降低光源驱动电流的办法人为造成光强下降，检验光 TA 的性能。试验数据如表 3–7 所示。

通过实验可以看出，当光强下降一半时，光 TA 仍然可保证 0.2 级精度。即使光强处于失效门限的 0.03 时，光 TA 仍可满足保护要求。

表 3–7　　　　光强下降对光 TA 性能的影响实验

光强（V）	比差（%）	角差（′）	噪声电流（A）	备注
0.22	0.0	–3	2	光强出厂值
0.19	–0.03	–4	3	
0.12	–0.1	–8	5	
0.09	–0.3	–12	8	
0.05	–0.6	–18	15	告警门限
0.04	–1.0	–30	18	
0.03	–1.5	–40	22	失效门限

尽管光学元件的参数具有一定的离散性，每套光 TA 出厂时的光强都不尽相同，但经过深入分析研究，设置同样的告警门限和失效门限是合适的。

（2）激光器故障原因分析。光源的故障模式有光源管芯失效、光功率下降、光波长漂移等。分析具体故障原因需对现场返回的激光器进行拆解，主要拆分为芯片及准直器两个部分进行试验检测。激光器原理如图 3–28 所示，左侧虚线内为激光器芯片，右侧虚线内为准直器。激光器实物图如图 3–29 所示。

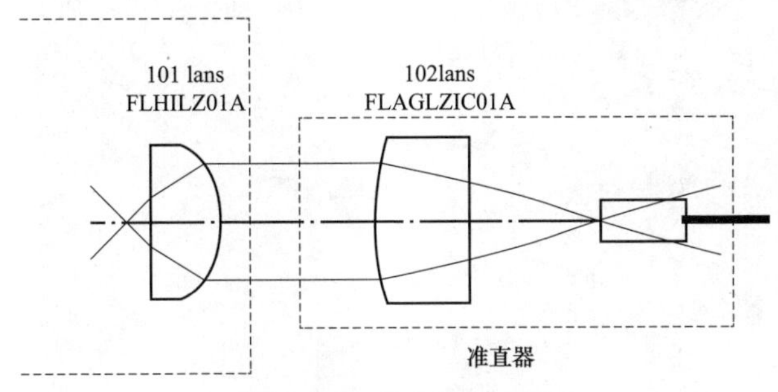

图 3–28　激光器原理图

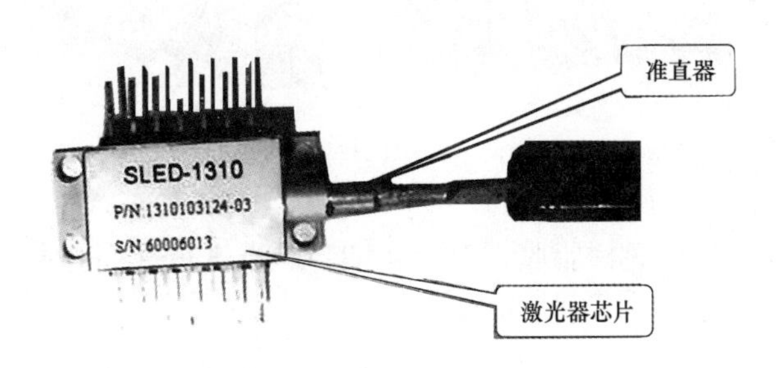

图 3–29　激光器实物图

取样本激光器 3 个，拆下准直器后，用感光片观察激光器输出激光焦点正常，用光功率计探头测得芯片的输出光功率值见表 3–8，与未拆准直器之前激光器整体输出光功率对比可以看出，激光器芯片是完好的。

表 3–8　激光器光功率测试结果

器件SNLD	整体输出光功率（dBm）	拆下准直器光功率（dBm）	LD 工作电流（mA）	工作温度（℃）	电压（V）
60007028	9.54	13.19	350	17	2.93
60007183	2.02	14.78	300	25	2.62
60006019	–33.18	13.11	300	25	2.53

注　激光器控温正常。

由于激光器空间耦合光路精度较高，微小的错位即引起光功率降低，所以判断现场激光器光功率下降的原因主要是因为外界长期温度变化引起准直器与光源芯片的耦合金属焊点老化，准直光路错位变形，使光纤耦合功率降低。针对此问题，从以下两方面改进了准直器封装的工艺，改进前后的对比如图 3–30 所示。

(a)

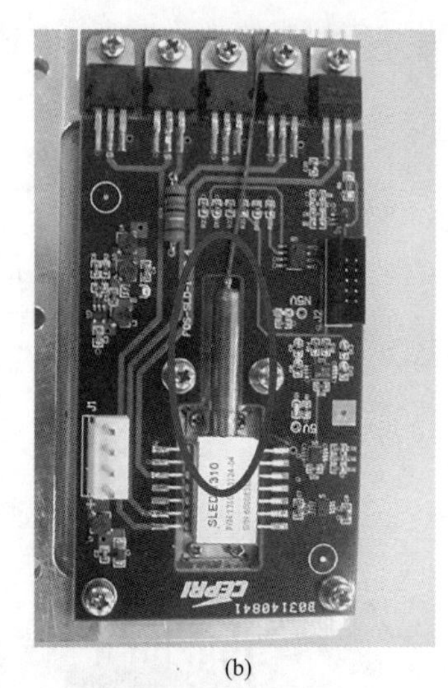

(b)

图 3–30　准直器封装工艺改进前后对比图

(a) 改进前；(b) 改进后

填充硅胶改为环氧树脂胶，对金属耦合焊点进行加固和密封，防止准直光路错位变形。

硅橡胶套管换为不锈钢套管，对准直光路提供进一步防护，同时可抵御外部机械应力冲击。

（3）试验验证。为验证改进准直器封装工艺后的激光器可靠性，以及改进效果，选取了改进前后各 4 支激光器进行试验。在试验前测量并记录各支激光器输出光功率值，并与试验后测得的数值进行对比。

1）温度循环试验。

试验条件：温度变化范围 -40 ~ +85℃，保持时间为 30min，温变速率 10℃ /min，循环次数为 10 次。

试验结果：样品外观未见明显变化。两种工艺激光器试验前后输出光功率均值都为 11dBm，变化量从 0.01~0.45dBm。

2）盐雾试验。

试验条件：依据 GB/T 2423.17—2008《电工电子产品环境试验　第 2 部分：

试验方法 试验 ka：盐雾》标准，（5 ± 0.1）%NaCl，pH 值 6.5 ~ 7.2，试验温度（35 ± 2）℃，试验时间为 48h，分别在驱动电流 250、300、350mA 下测量。

试验结果：两种工艺激光器试验前后输出光功率无明显变化，变化量从 -0.13~0.21dBm。

3）振动试验。

试验条件：振动频率范围为 20~2000Hz，振幅 0.06in，峰值加速度 20*g*，扫频速度 4min/ 周期，测试方向 *X*、*Y*、*Z* 轴，每轴向持续 16min。

试验结果：样品外观未见明显变化。两种工艺激光器试验前后输出光功率均值都为 11.5dBm，变化量从 0~0.33dBm，波长稳定性≤ 0.1nm。

4）水煮试验。此试验是在上述试验均未能测试出两种不同封装工艺的激光器区别情况下，发明增加的试验项目，目前并无相关试验标准，属于破坏性试验。

试验条件：将样品放入锅中，加适量水并烧开，保持水沸腾 12h，取出测量激光器输出功率。

试验结果：8 支样品外观未见明显变化。但其中 4 支橡胶封装工艺的激光器输出光功率明显下降，最大降低 5.69dBm，而不锈钢封装工艺的激光器最大降低 0.19dBm。具体数据见表 3-9。

表 3-9 水煮试验数据

器件SN	工艺	试验前功率（dBm）	试验后功率（dBm）	结论
60004732	橡胶	9.23	6.06	不合格
60004735	橡胶	8.47	6.33	不合格
60004736	橡胶	10.62	8.72	不合格
60004739	橡胶	8.96	3.27	不合格
60006322	不锈钢	10.77	10.82	合格
60006328	不锈钢	10.35	10.22	合格
60006331	不锈钢	9.72	9.53	合格
60006335	不锈钢	9.47	9.39	合格

通过上述试验可以得出结论，改进后的不锈钢封装工艺的激光器通过了全部试验，而原橡胶封装工艺的激光器未能通过水煮试验。改进后的工艺较改进前更为可靠。

4 磁光玻璃电流互感器产品技术原理及工程应用情况

4.1 磁光玻璃电流互感器产品技术及设计方案

4.1.1 磁光玻璃电流互感器基本原理与结构

（1）基本原理。法拉第磁光效应：当线偏振光在磁光材料中传播时，若在平行于线偏振光传播方向上施加一个磁场，则线偏振光的偏振面将发生偏转，偏转的角度称为Faraday旋光角 φ，其大小与磁场强度 H 和磁光材料长度 L 的乘积成正比，可表示为

$$\varphi=VHL \tag{4-1}$$

式中 V——磁光材料的Verdet常数。

如图4-1所示是Faraday磁光效应原理图。

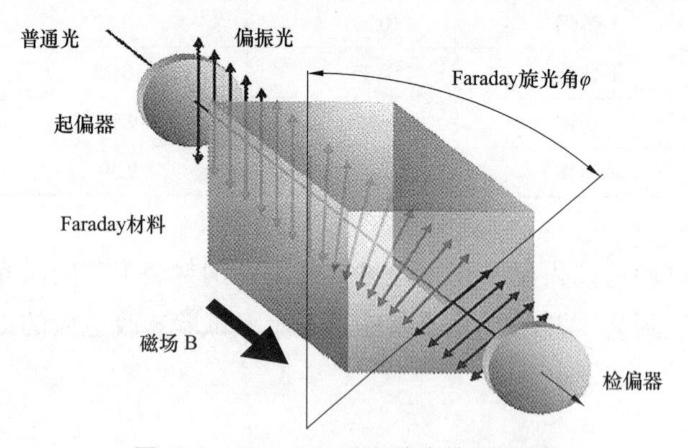

图4-1 Faraday磁光效应的原理图

（2）基本结构。目前磁光玻璃型光学电流互感器采用直通光路，一个典型光学电流传感器的光路系统主要由起偏器、磁光材料元件和检偏器构成，其结构如图 4–2 所示。

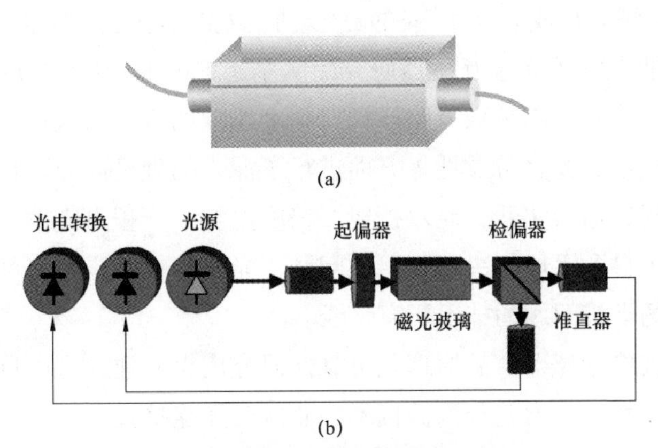

图 4–2　直通光路结构传感头示意图

(a) 直通光路；(b) 直通光路分解

直通光路型光学电流互感器采用条状磁光玻璃作为传感介质构成直通式传感光路结构，光源发出的光经起偏器后成为线偏振光，经磁光玻璃后出射到检偏器，并经光电转换和信号处理后解调出待测电流信息。

直通光路与 MOCT 双层光路的对比如表 4–1 所示。可见，直通光路型光学电流互感器的光学元件数量显著减小、光路结构获得了极大简化，对基于 Faraday 磁光效应原理的光学电流互感器而言，直通光路结构是光学电流互感器传感光路的极简模式。采用直通光路结构设计极大提高了光学电流互感器的长期运行可靠性。

表 4–1　直通光路与 MOCT 双层光路的对比

光路	传感臂数量（个）	直角棱镜数量（个）	全反射面数量（个）
双层光路	4	3	6
直通光路	1	0	0

此外，由于磁光玻璃具有较小的单位线性双折射，且光程较短（磁光玻璃的长度一般为 10^{-2}m 数量级，传感光纤的长度一般为 10^{1}m 数量级），因此，线性双折射引起的测量精度温度漂移得到了明显抑制，再辅以自愈技术、自适应算法等技术措施，测量精度温度漂移问题在直通光路型光学电流互感器中已经得到有效解决。

4.1.2　磁光玻璃电流互感器技术解决方案

在国家电网有限公司的大力支持下，国内磁光玻璃互感器研究制造厂家结合理论研究和工程实践经验，形成了较为完备的磁光玻璃互感器自主创新技术体系及解决方案。

哈尔滨工业大学等光学互感器研究团队基于 Faraday 磁旋光原理，在磁光玻璃型光学电流互感器分布参数光路模型、精度温漂的双折射机理、静态工作光强稳定性、御磁理论、光路可靠性等方面进行了深入的理论研究。在此基础上，结合科学实验和现场运行实践，对双折射、精度温漂、光程可靠性、抗磁场干扰等技术难题形成了自愈手段解决精度温漂问题、光路化简手段解决可靠性问题、御磁手段解决磁场干扰问题的技术研究路线。

基于磁光玻璃互感器产品原理及可靠性研究成果，建立了由自愈光学电流传感技术、御磁技术、共模差分消振技术、非接触光连接技术、容错光学电流传感技术、光纤绝缘子软体绝缘技术等六项技术组成的自主创新技术体系（见表 4–2），取得了实用化技术成果，并在相关产品试验和挂网运行中进行了工程实践应用。

表 4–2　　自主创新技术体系

序号	关键技术	技术特征	技术作用
1	自愈光学 电流传感技术	两路互助 自愈传感	测量精度 与环境温度无关
2	御磁技术	内磁场强化 外磁场失效	测量精度 与磁场干扰无关
3	共模差分 消振技术	共模差分 硬件实现	测量精度 与机械振动无关
4	非接触 光连接技术	纵向金属化定固 横向非接触连接	运行可靠性 与光路连接无关
5	容错光学 电流传感技术	双路配置 协调容错	运行可靠性 与单一失效无关
6	光纤绝缘子 软体绝缘技术	硬质套管 软体添充	运行可靠性 与电压等级无关

4.1.3　磁光玻璃电流互感器产品类型与试验

1. 产品类型

根据智能电网需求，相关设备厂家及科研院所研制出独立使用的支柱式、特高压输电使用的悬挂式、与封闭电器组合使用的外卡式、与敞开电器组合使用的组合式四种光学电流互感器，见图 4–3。

(a)

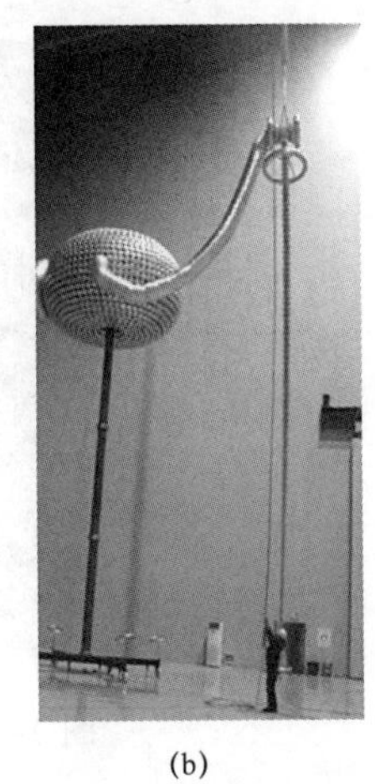

(b)

(c)

(d)

图 4-3 光学电流互感器产品类型

(a) 独立使用的支柱式；(b) 特高压使用的悬挂式；(c) 封闭电器使用的外卡式；(d) 敞开电器使用的组合式

（1）支柱式磁光玻璃电流互感器（OCT）。支柱式 OCT 整体结构由一次互感器部分、光缆和二次装置部分构成，其总体结构如图 4-4 所示。其中，一次互感器部分位于户外，二次装置部分可安装于控制室内，也可户外就地配置。当二次装置部分户外就地安装时，增加二次就地安装柜。

1）一次互感器部分主要包括电流传感部分、光纤绝缘子和底座。

a. 电流传感部分主要包括一次导体、高压壳体和电流传感器。220kV 及以上电压等级，电流传感器采用双重化配置，即含有两套独立的光学电流互感器（简称 OCS）：OCS-1 和 OCS-2，如图 4-5 所示。OCS 采用基于 Faraday 磁旋光效应原理的传感器。220kV 电压等级以下则采用单套配置，即电流传感器只含有一套独立的 OCS。

b. 光纤绝缘子采用光纤复合绝缘子，内埋信号传输光纤束用作光信号传输。

2）二次装置部分主要是二次转换器装置。若采用户外集中装配，增设二次就地安装柜，一个电气间隔的 A、B、C 三相 OCT 的一次互感器部分分别通过三根光缆与二次装置部分连接。

（2）外卡式 OCT。外卡式 OCT 整体结构由一次互感器部分、光缆和二次装置部分构成，其总体结构图如图 4-6 所示。其中，一次互感器部分位于户外，与 GIS、HGIS、罐式断路器配合安装，由两个相同的半圆环传感头组成，两个半圆环传感头可以通过螺钉对接固定从而安装在 GIS 套筒的外表面，并依靠 GIS 金属套筒承重。二次装置部分可安装于控制室内，也可户外就地配置。此结构优势如下：

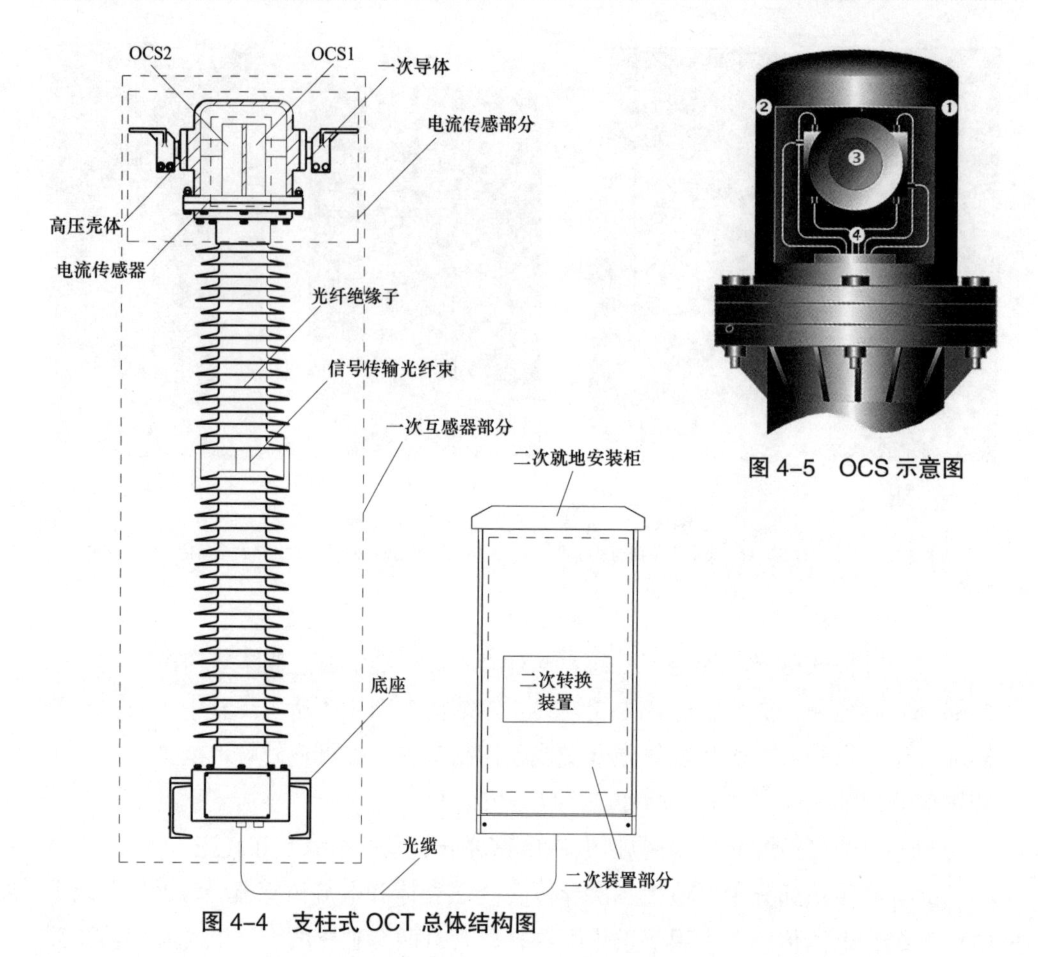

图 4-4　支柱式 OCT 总体结构图

图 4-5　OCS 示意图

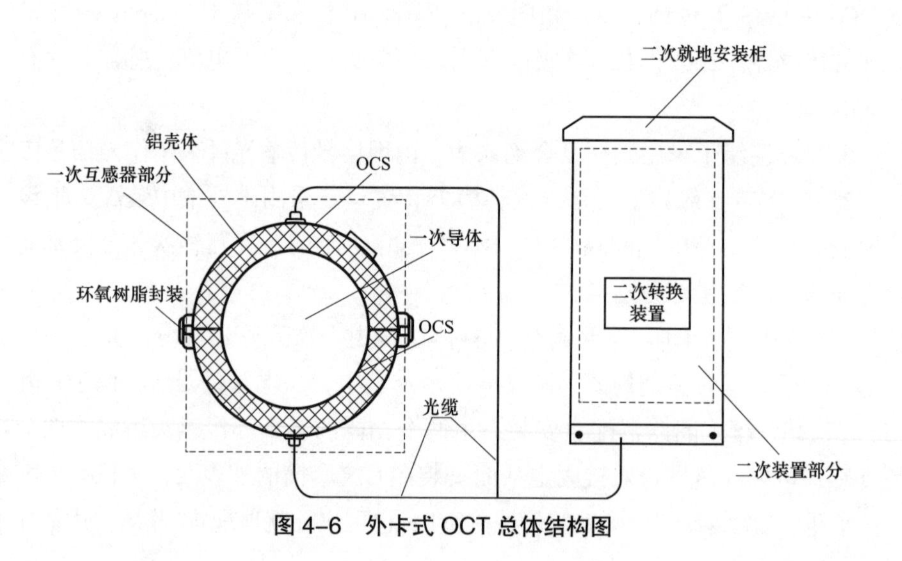

图 4-6　外卡式 OCT 总体结构图

a. 与 GIS 配合安装——质量轻、拆装方便——优越的安装灵活性、完美的设备集约性；

b. 与 GIS 厂家配合工作量低、运检方便——提高 GIS 整体工作可靠性；

c. 维护检修安全、方便、占用时间少——降低 GIS 运维工作量、减少运维费用、提高运维安全性；

d. 在运 GIS 改造作业量少、工期短、不需停电作业——在运 GIS 改造造价低——电网运行风险低。

1）一次互感器部分主要包括铝壳体、光学电流传感器。

图 4-7 为电流传感器由结构对称的两组光学电流互感器（简称 OCS）：OCS-1 和 OCS-2，每个 OCS 包含两个光学电流传感单元（optical current sensing cell，OCSC）：OCSC-1、OCSC-2，其光信号传输链路也为独立链路。

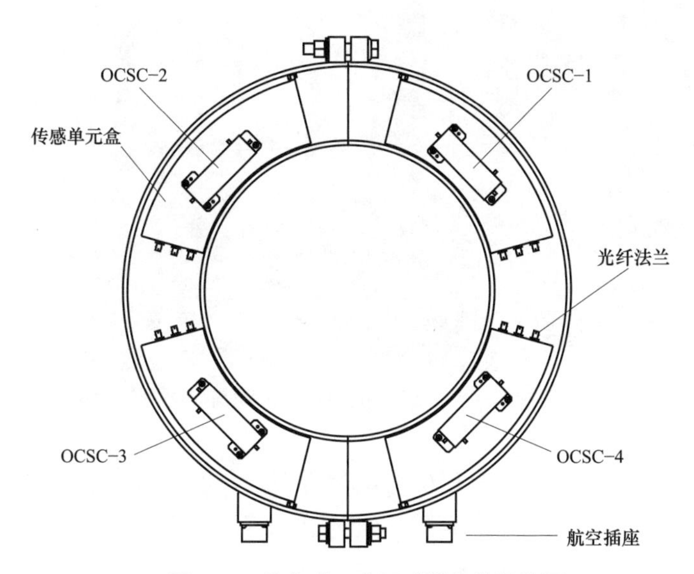

图 4-7　外卡式一次互感器部分结构图

2）二次装置部分外卡式 OCT 的二次装置与支柱式 OCT 相同。

2. 产品试验

与国家电网有关试验、运行部门密切配合，研究和完善了电子式互感器试验标准，建立了由 41 项试验内容组成的试验方案。外卡式 OCT 型式试验如图 4-8 所示，220kV 试验场的振动与励磁涌流试验见图 4-9。

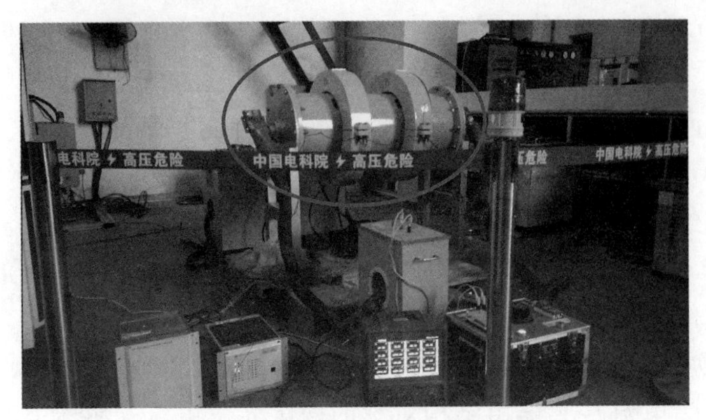

图 4-8　武汉外卡式 OCT 型式试验

图 4-9　辽宁虎石台 220kV 试验场的振动与励磁涌流试验

利用国内 13 个城市、11 家单位的试验资源，开展了包含 41 项试验内容的、为期 13 个月的试验研究（见表 4-3）。为光学互感器的实用化奠定了关键的试验基础。

2008 年和 2015 年分别通过了依据 GB/T 20840.8—2007《互感器　第 8 部分：电子式电流互感器》的产品型式试验与性能检测试验。达到 0.2S 级高准确度水平，暂态测量精度比常规电流互感器提高一个数量级。具有理想的稳态和暂态测量精度。支柱式 OCT 型式试验如图 4-10 所示。

自 2002 年起，先后在河北保定、黑龙江黑河、浙江富春江和四川自贡进行了挂网运行验证（测量精度、继电保护、寒冷和高温潮湿气候），为自主创新技术体系奠定了运行基础。

表 4–3　　　　产品试验

大项	分项	子项（41项）	试验单位
型式试验	稳态性能试验 暂态性能试验 绝缘性能试验 振动试验 电磁兼容试验	GB/T 20840.8—2007 规定的 18 子项	中国电力科学研究院武汉分院 西安高压电器研究所 上海雷兹高压互感器有限公司
性能检测	可靠性评估	19. 检查电子式互感器故障智能自诊断功能 20. 检验电子式互感器本体中采集器双路电源的无缝切换性能和供电稳定性 21. 检查电子式互感器低温状态下的投切性能	中国电力科学研究院有限公司武汉分院
	MU 发送 SV 报文检验	22. SV 报文丢帧率测试 23. SV 报文完整性测试 24. SV 报文发送频率测试 25. SV 报文发送间隔离散度检查 26. SV 报文品质位检查	中国电力科学研究院有限公司武汉分院
特殊试验	试验室试验	27. 电网振荡试验 28. 频率试验 29. 频率变化试验 30. 短路电流试验 31. 励磁涌流试验	国网辽宁省电力有限公司电力科学研究院 施耐德电气（中国）
		32. 机械振动试验	中国电力科学研究院有限公司武汉分院 许昌开普检测研究院股份有限公司 国网辽宁省电力有限公司电力科学研究院
		33. 外磁场干扰试验	中国电力科学研究院有限公司武汉分院 国网四川省电力公司电力科学研究院
	试验场试验	34. 机械振动试验 35. 励磁涌流试验 36. 隔离开关分合容性小电流条件下的抗扰度测试	中国电力科学研究院有限公司武汉分院 国网辽宁省电力有限公司电力科学研究院
现场试验		37. 静态工作光强	国网河北省电力有限公司
		38. 低温环境试验	国网黑龙江省电力有限公司
		39. 电能计量精度实验	国网黑龙江省电力有限公司 国网华东分部
		40. 继电保护试验	国网河北省电力有限公司 国网辽宁省电力有限公司
		41. 产品一致性试验	国网辽宁省电力有限公司

图 4–10　支柱式 OCT 型式试验及报告

4.2　磁光玻璃电流互感器工程应用情况分析

4.2.1　磁光玻璃互感器工程示范应用情况

哈尔滨工业大学研制的光学互感器覆盖了 35、66、110、220、500、750kV 六个电压等级以及国家电网有限公司的五大区域电网。2010 年 9 月投运的辽宁大石桥 220kV 智能变电站（简称大石桥站）装有 99 台光学电流互感器，是迄今为止世界规模最大的光学电流互感器整站工程（见图 4–11），也是我国第一个光学电流互感器整站工程。

图 4–11　大石桥站光学电流互感器整站工程

先后实施了大石桥站（220kV，支柱式）、新疆安宁渠变电站（110kV，支柱式）、河南鄢陵变电站（220kV，组合式）和辽宁何家变电站（220kV，外卡式）四个智能变电站整站工程，如图 4–12 所示。

光学电流互感器整站示范工程汇总见表 4–4。

图 4–12 整站工程

(a) 辽宁大石桥（220kV，支柱式）；(b) 新疆安宁渠（110kV，支柱式）；(c) 河南鄢陵（220kV，组合式）；(d) 辽宁何家（220kV，外卡式）

表 4–4 光学电流互感器整站示范工程汇总

序号	运行时间	地点	结构	电压等级（kV）	OCT数量（台）
1	2010 年 11 月至今	辽宁省营口市大石桥 220kV 智能变电站	支柱式	220	28（双重化）
			支柱式	66	71
2	2010 年 12 月至今	新疆乌鲁木齐市安宁渠 110kV 智能变电站	支柱式	110	19
3	2011 年 7 月至今	河南鄢陵 220kV 智能变电站	组合式	220	9（双重化）
			组合式	110	18（3 台双重化）
			套管外卡式	110	2（双重化）
			支柱式	35	2（双重化）
			开关柜支撑式	10	3（双重化）
4	2012 年 12 月至今	辽宁何家 220kV 智能变电站	外卡式	220	21（双重化、42 支）
合计					173（双重化 68 台）

4.2.2 磁光玻璃电流互感器运行效果分析

从已经运行的项目应用情况看，磁光玻璃型光学电流互感器具有良好的运行可靠性及优良的测量品质。

（1）稳态测量精度高。比如在黑河西岗子110kV变电站和富春江水电厂220kV变电站的电能计量应用，应用情况表明，光学电流互感器完全地和持续地达到了0.2S级的电能计量水平。在中国最寒冷的地区（黑龙江黑河）与湿热的地区（浙江富春江），运行稳定，计量准确，表明彻底解决了测量精度的温度漂移问题。

黑龙江黑河项目通过对电流互感器在投运前、运行周期内有计划停电若干次，进行现场检测，考察光学电流互感器在实际运行条件下是否存在准确度的漂移。

光学电流互感器检定共进行两次，第一次在2007年10月21日黑龙江省电科院试验室，试验温度21℃，标准器精度0.01级。另外一次在2008年11月3日，试验检定地点在现场黑河电业局西岗子变电站，试验温度 -15℃，标准器精度0.05级（黑河电业局电能计量所提供）。

试验结果表明：数据进行对应比较，偏差在0~0.033%变化，角差之间误差在0~0.45′ 变化。根据JJG 102—2007《国家计量检定规程规定》，此波动范围符合《国家计量检定规程规定》运行变差允许范围。该方法可以应用在目前已经投运的数字化变电站中，作为评价数字电能计量系统的依据。

光学电流互感器在黑河西岗子110kV变电站运行4年，电能计量精度为0.13%，月统计变差不超过0.16%（由黑龙江电科院邀请武汉高压研究院进行的测试结果）。

光学电流互感器在富春江水电厂220kV变电站运行3年，电能计量精度为0.1%，月统计变差不超过0.1%（由华东电力试验研究院的测试结果）。

（2）暂态测量精度高。所运行的光学电流互感器都没有遗漏地捕捉了电网故障，基于光学电流互感器的准确测量，保护装置均正确动作。

2010年11月8日，99台光学电流互感器在辽宁大石桥220kV枢纽变电站投入了实际运行。至2011年6月，光学电流互感器已经4次准确记录了故障。

11月4日出现了电容器绝缘破坏事故，额定电流600A，故障电流峰值2814A。光学电流互感器准确记录了故障，如图4–13所示。

12月23日，出现了近距离区外短路事故。光学电流互感器又一次准确记录了故障，如图4–14所示。这次故障的故障点电流峰值达到了12000A，测量波形

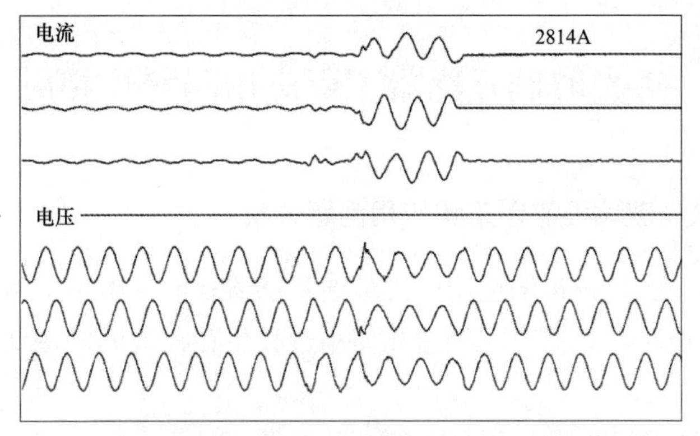

图 4–13 第一次故障的记录（光学电流互感器记录的电流波形）

没有发生衰减和畸变。

2011 年 2 月 3 日 19 时 53 分 32 秒，66kV 都桥乙线发生 AB 相间瞬时故障，23ms：66kV 线路距离 I 段动作切除故障，1101ms 重合成功。这次故障的故障电流峰值达到了 6531A，光学电流互感器又一次准确记录了故障，如图 4–15 所示。

大石桥站基于光学电流互感器的准确测量，4 次故障中保护装置均正确判断和动作，避免了故障范围的进一步扩大。

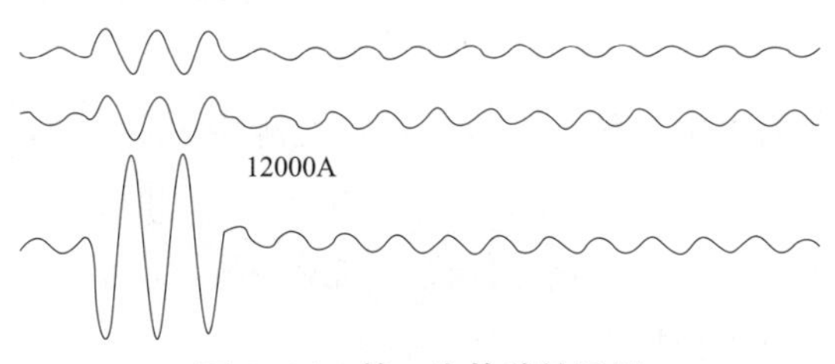

图 4–14 第二次故障的记录

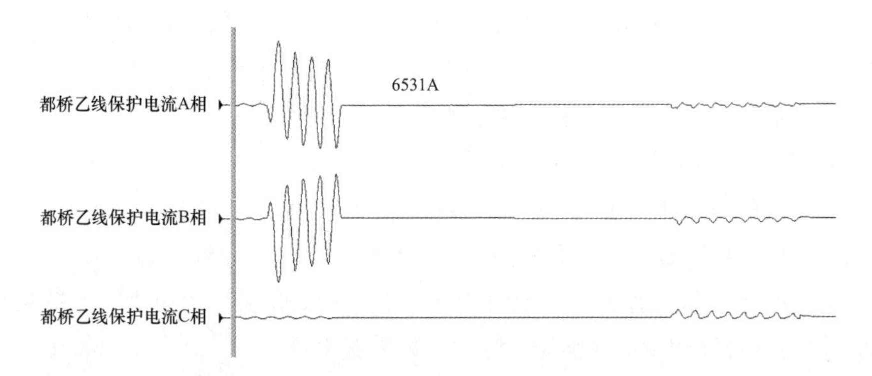

图 4–15 第三次故障的记录

4.3 磁光玻璃互感器工程应用问题及相应对策

4.3.1 磁光玻璃互感器工程应用问题分析

通过对部分已经投运的应用磁光玻璃互感器智能变电站整站示范工程的问题统计，磁光玻璃互感器产品制造和使用过程中存在的问题主要集中在以下几个方面：

（1）设计缺陷问题（占比 90%）。

1）程序设定自检修告警与主动置数据无效所设定的静态工作光强上下限值过窄，温度变化引起光源光强波动，导致的告警灯闪烁、数据报自检修，告警灯亮、数据频繁置无效。

2）光学传感单元受到振动影响，导致开关分合过程中，数据置无效。

3）二次机箱光链路连接采用 ST 接头法兰，容易受到灰尘污染和开关分合振动影响，数据置无效。

（2）工艺管理问题（占比 1%）。

1）互感器光纤绝缘子中光纤由于生产过程弯曲，导致应力挤压损坏，属极个别现象。

2）法兰连接之前无尘处理不到位，导致光链路污染。

（3）产品可靠性问题（占比 1%）。

1）光源器件老化引起光链路器件光衰减及参数温度稳定性差。

2）自愈光源及电源损坏。

（4）密封问题（占比 3%）。

1）个别柜体密封不严，导致采集板短光纤污染，采集板光源发光效率降低及损坏。

2）个别互感器本体光缆接头密封不严，灰尘污染。

（5）安装问题（占比 5%）。

1）个别就地柜体固定不牢固，导致开关分合过程中，数据置无效。

2）二次机箱安装只有前面板固定，悬空没有支撑，导致振动放大。

3）光纤布线与捆扎随意，导致光纤弯折和所受牵拉应力过大，光链路衰减增大；开关分合过程中，光强波动较大，数据置无效。

4.3.2　磁光玻璃互感器问题改进对策

（1）光学传感单元技术改进。光学电流传感单元如图 4–16 所示。非气密性光纤准直器结构封装光学元件均采用统一基座，减少调节机构；各个部件间均使用机械固定及 UV 胶双重固定。上盖与准直器使用 704 硅橡胶密封。所有固定用的螺钉位置均采用带有预紧力的弹簧垫片。此设计对器件指标与生产调节工装、检测设备要求较高，但系统集成性好、尺寸小、稳定性高。

改进一：采用导光柱及分光棱镜胶合件（如图 4–17 所示），缩短了光程，透过率高，稳定，振动时不会产生光路偏移。

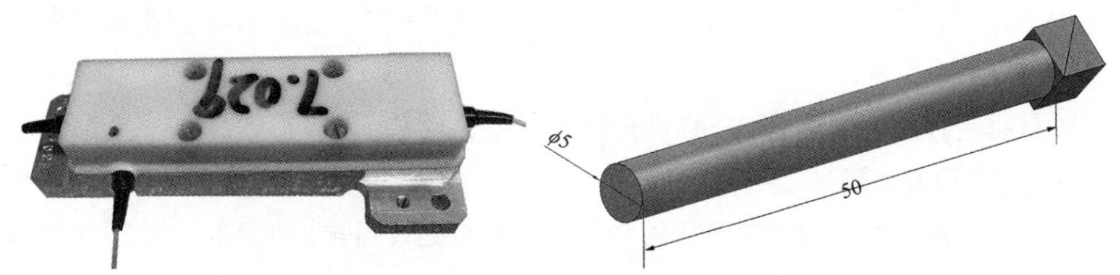

图 4–16　大石桥与何家采用光学电流传感单元　　图 4–17　导光柱及分光棱镜胶合件图

改进二：采用半导体尾纤激光器工艺，自聚焦透镜、金属化光纤，使用开口套筒焊接密封，可实现密封效果，振动时不会产生光路偏移，如图 4–18 所示。

改进后光学电流传感单元如图 4–19 所示。

光学电流传感单元的研制和性能测试，采用铝质气密性封装，光学元件均采用统一基座，减少调节机构。各个部件分别使用激光焊接工艺处理及紫外固化工艺处理。上盖采用激光焊接工艺处理固定密封，抽真空，氮气保护，密封时在手套箱完成。704 硅橡胶辅助密封。系统集成性好、尺寸小、抗振动性能

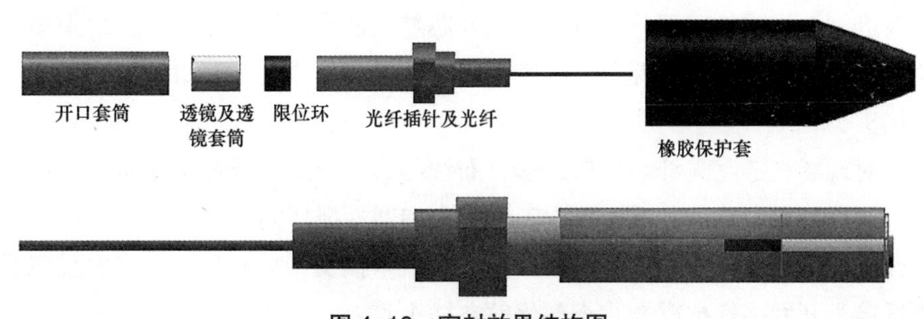

图 4–18　密封效果结构图

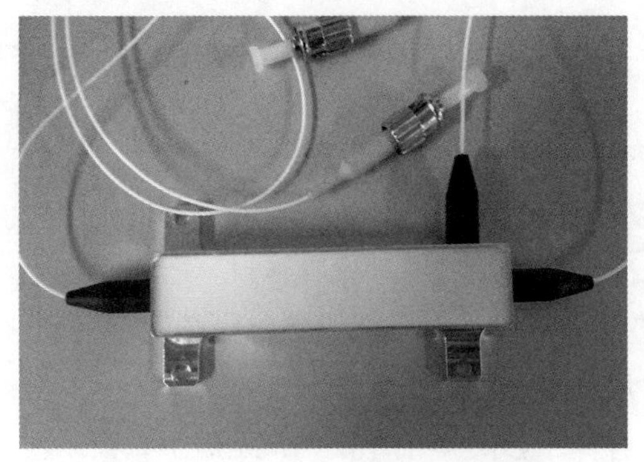

图 4–19　改进后光学电流传感单元

好、稳定性高，气密性好、检漏值为 4×10^{-10}Pa/(m^3·s),产品一致性好，便于批量生产、流水线工序。大大地提高了产品的运行稳定性和可靠性及其产品寿命。

光学电流互感器的关键部件是光学电流传感单元，它的可靠性在很大程度上决定了光学电流互感器的可靠性水平。将 OCSC 作为一个无源光组件来进行分析研究。参照标准 IEC 62005，确定 OCSC 与温度和湿度相关联的加速失效模型，设计与温度和湿度相关联的寿命试验矩阵。通过计算加速系数来评估 OCSC 的中位寿命。

依据上述试验方法对 OCSC 进行加速寿命试验，可计算得到 25℃（室温）下 OCSC 的使用寿命超过 25 年。

（2）程序升级。对于频繁告警和品质因数置无效问题，在运行、维护、制造和设计部门的共同努力下，通过大量试验研究，查找出问题原因是自诊断定值参数配置不合理。用于自诊断的告警门槛定值的设置不能完全满足现场环境因素的差异性变化，在某些环境条件下，可能会导致光学互感器发出异常告警信号。因此，在保证精度和可靠性的情况下，通过适度修正光强的自诊断告警门槛定值配置，使二次采集板自诊断参数能够满足现场工程需要，确保在正常工作时不误发异常告警信号。目前为止，修正自诊断告警门槛定值后的二次采集板已适用于现场 6 个间隔共 18 台互感器，其最长运行时间已达 14 个月，横跨了原故障易发时段，修正后产品已经消除了此类故障现象。

（3）光链路设计改进。针对现场光链路连接法兰与光源接口采用 ST 接头（卡扣接头），易受振动影响与灰尘污染，导致工作异常和器件损坏问题。

改进一：一次传感部分光链路采用 8 芯航空插头，加密封垫；二次采集器光链路连接法兰与光源接口采用 FC 接头（螺纹接头）或者 SMA905 接头（金属化螺纹接头）。

针对现场光链路光纤与接口过多，布线困难，导致光纤弯折和所受牵拉应力过大，放大振动影响，互感器出现工作异常和器件损坏问题。

改进二：一次传感部分光链路采用 8 芯航空插头，加密封垫；二次采集器连接光纤接头开发一款抗震 8 芯小型化航空插头。

机械特性如下：

振动：频率 10 ~ 2000Hz，加速度 196m/s^2；

冲击：加速度 20g；

机械寿命：500 次。

工作环境如下：

温度：-40 ~ 70℃；

湿度：40℃时，达 95%。

外形尺寸（不含防尘盖）：8 芯小型化航空插头尺寸如图 4-20 所示。

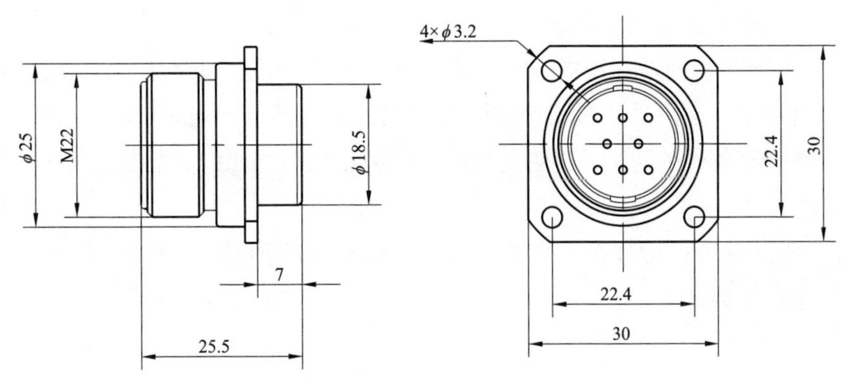

图 4-20　8 芯小型化航空插头尺寸图

（4）加强工艺与元器件管理。

1）工艺管理。严格工艺管理，严格控制工艺流程，关键工艺流程专人负责。

2）合格供方体系。建立各类物料《合格供方名录》，严把采购关，选定的供应商基本上都是生产厂家指定的一级代理商，核心元器件全部采购于具有严格的质量控制的国际、国内知名企业，并提供相关的检测、检验、可靠性证明。

3）来料检验体系。有严格、全面来料检验体系，试验人员要经过专业培训、持证上岗；试验用计量、测量器具都是经过检测机构校正后出具合格证；建有无尘光学实验室和防静电电子实验室、综合实验室，配备隔震光学平台、防静电工作台、防静电工装、温度湿度震动三综合箱、高低温实验箱、老化箱等；原材料及产成品实行动态管理。

4）相关手段和措施。

外观检查：表面没有破损、脏污等现象，丝印字符清晰。

基本功能和指标检测：光学器件相关尺寸、平行度、锥度测量，光学玻璃法拉第磁旋光相应测试、输出光强一致性测试；电子器件光源输出光强测试，电阻、电容值测试筛选，光检测器相应度测试等。

元器件老化筛选：元器件进行相应的老化试验，光学器件 60℃、通电 168h，电子器件 60℃、通电 72h，对于电子组件 60℃、整体通电 72h。老化后重新进行相关功能和指标检测，不合格一律淘汰。

高低温实验：光学器件和电子组件进行高低温实验测试，温度范围 -40 ~ +70℃，每个温度点检测各自功能指标、不合格器件淘汰。

产品振动实验：光学传感单元各组件的过程检验中及装配为成品后的出厂检验中均进行了振动测试。

（5）现场安装与调试管理。

1）现场安装管理：现场安装过程中，严格执行设备安装规程，保证设备及柜体牢固固定；柜内采集机箱改进固定方式，避免悬空；光纤布设要求理顺，注意走线槽内弯角处的防护，避免光纤产生应力；接口处光纤、光缆要求捆扎固定，并加装防护罩。

2）调试管理：增加振动试验测试、光链路衰减测试、工作光强测试、自检和自监控功能测试。

5 晶体光阀光学电流互感器原理及工程应用情况

5.1 晶体光阀光学电流互感器技术原理及设计方案

5.1.1 技术原理

晶体光阀光学电流互感器以磁光效应即法拉第效应为基础，创新性的利用分布式点阵测量技术，通过偏振调制偏光干涉方式测量电流。

（1）法拉第磁光效应。磁光效应是光与具有磁矩的物质共同作用的产物。磁光效应主要有三种，法拉第效应、克尔效应、塞曼效应。在光学电流传感器领域，法拉第磁光效应的应用最为广泛。光学电流传感器中磁光介质即磁光效应中具有磁矩的物质，是决定光学电流传感器性能的重要器件。

磁光效应即法拉第效应被广泛应用在光学式的磁场探测及磁光控制 / 调制器上。

法拉第效应的基本原理是：当光在某些介质（磁光介质）中传播时，共轭的左旋和右旋偏振模的传播速度会受沿传播方向的磁场影响，其中一个变快一个变慢。一个线偏振光，可理解为两个等值左旋和右旋偏振光的组合，其通过磁光介质后，由于法拉第效应偏振方向会根据磁场的大小而发生偏转。偏转角度 β 可由式（5–1）得

$$\beta=vBd \tag{5–1}$$

式中 v——法拉第常数（维尔德常数），与材料、温度有关；

B——磁场强度；

d——磁光材料厚度。

图 5–1 描述基于法拉第磁光效应的光纤光学磁场测量系统的基本结构。通常，激光通过光纤被引入到测量系统中，经过起偏器成为线偏振光后被引入到磁光介质中，磁光介质在磁场的影响下使入射的偏振光的偏振面发生旋转，通过磁光介质后的检偏器可将偏振旋转的角度 β 转换为光强度 I 的变化，由式（5–2）得

$$I=(A\cos\beta)^2=I_0\cos^2(\gamma Bd) \tag{5–2}$$

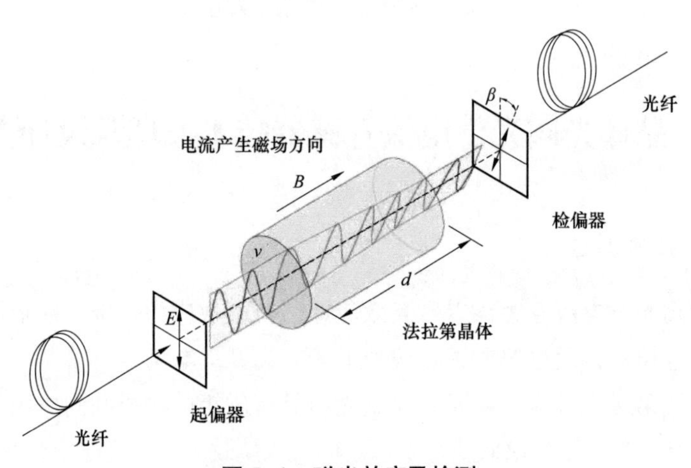

图 5–1　磁光效应及检测

（2）晶体光阀技术。晶体光阀光学电流互感器以法拉第磁光效应原理为基础，利用特殊的高维尔德常数的晶体制成晶体光阀，作为磁场传感的关键元件，此晶体光阀具有如下特性：

晶体光阀内集成起偏和检偏装置，输入与输出均为光强度信号，故只需普通通信光纤即可满足测量需求，适于工程应用，且无需另外配置价格昂贵的保偏光纤以及相关光器件，以较低成本即可满足系统需求。

晶体内随机分布磁化方向（*N–S* 轴方向）相反的两种磁畴，且两种磁畴的磁化方向均与入射 / 出射面垂直；当线偏振光通过晶体时，两种磁化方向的磁畴会使线偏振光的偏振方向朝相反方向旋转。

当晶体置于外界磁场中时，两种磁化方向的磁畴的比例会随外界磁场大小变化而变化，并建立外界磁场大小与两种磁畴比例的对应关系，而磁畴比例会影响

线偏振光偏振方向整体的旋转趋势，采用一定的检偏手段即可将外界磁场信息调制为光强信息，如图 5–2 所示。

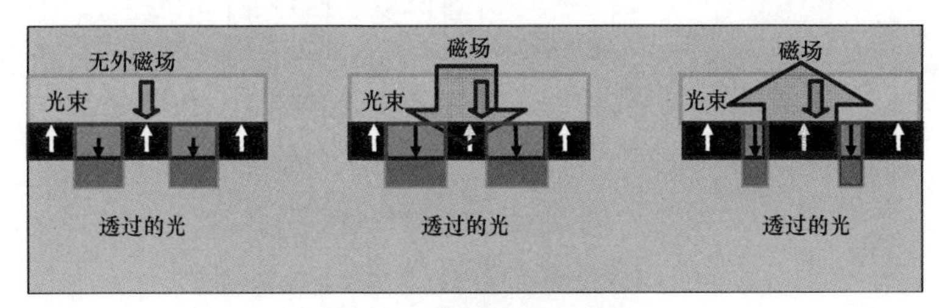

图 5–2　晶体光阀功能图

5.1.2　设计方案

5.1.2.1　设计方案概述

晶体光阀光学电流互感器测量系统以晶体光阀传感元件为基础，利用晶体光阀电流传感技术实现对母线导体中电流产生磁场的测量。系统设计方案如图 5–3 所示。由一次传感系统、匀磁系统、动态校正系统及光电驱动和光电解调单元等部分构成。

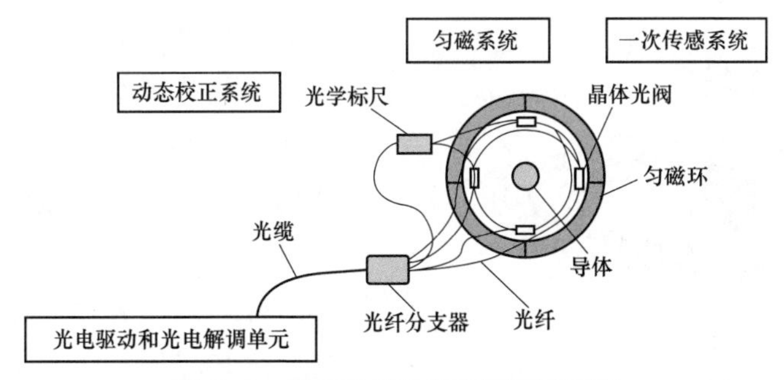

图 5–3　晶体光阀光学电流测量系统

晶体光阀光学电流互感器将电流所产生的磁场信号转换为光强信号，光信号通过模拟电路的光电转换、信号调理、AD 采集及软件系统的处理，得出实际的电流值。电流信号以标准 IEC 61850/FT3 协议将信息打包并传递给下级合并单元或继电保护控制系统，系统架构如图 5–4 所示。

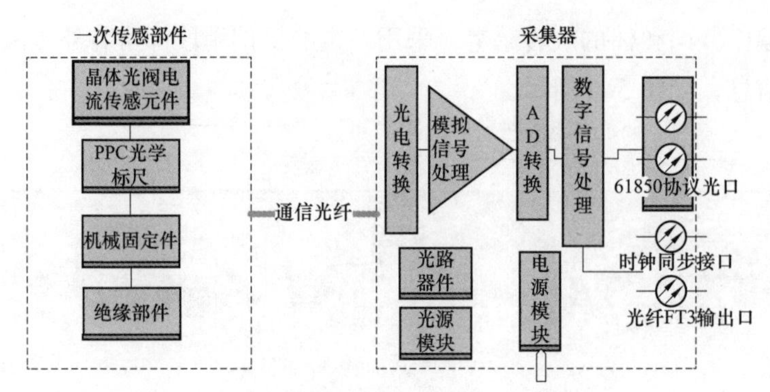

图 5-4　晶体光阀光学电流互感器系统架构图

1. 一次传感系统

根据实际应用需要，一次传感系统由多个晶体光阀磁场传感元件构成点阵式结构，用于测量载流导杆周围的磁场强度。晶体光阀磁场传感元件采用对称分布式布置，形成准闭环结构，并配有匀磁系统和动态校准系统，可以实现电流的精确测量功能和系统自诊断功能。

一般情况，电流传感系统由 4 个晶体光阀传感元件组成，每两个晶体光阀传感元件串联组成一组测量传感单元，两组传感单元组成一套测量传感组件。每一组传感单元中的两个晶体光阀传感元件对称放置在导杆周围，每一组传感单元输出两路信号，两组共输出 4 路信号。多个晶体光阀传感元件对称分布，可以极大削减外界磁场对测量信号的干扰。

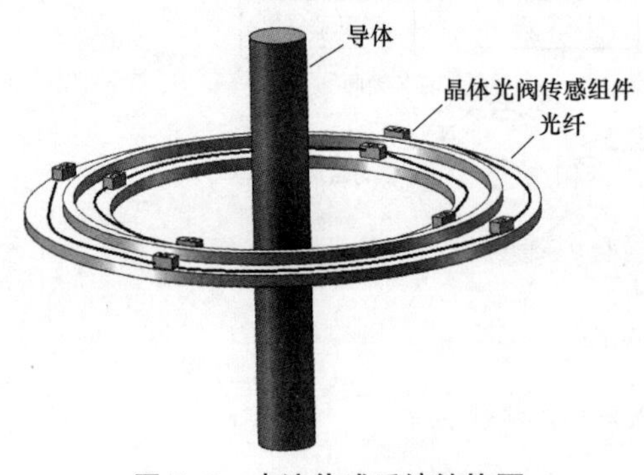

图 5-5　电流传感系统结构图

每套传感组件对应一固定量程，目前单个晶体光阀传感元件的测量范围为 0.01~100GS，实际应用中采用组合结构，按最大磁场强度计算出晶体光阀与导体间的距离 d，按照 d 计算出传感组件环的内外径，这样可使测量范围达到 10^6 量级，即可以测量毫安量级到百千安量级的电流。电流传感系统结构见图 5-5。

2. 匀磁系统

磁场和电流的对应关系为

$$I_c=\oint H\cdot dl \tag{5-3}$$

式中 I_c——导体中的电流；

$\oint H \cdot dl$——磁场强度的闭环积分。

式（5–3）表明，积分所得到的磁场只与被环绕的导体通过的电流有关系，而与外界磁场无关。在现有技术中，闭环的法拉第效应的电流测量工艺非常复杂。而一方面如果用局部磁场测量从而推算电流的方法，磁场和电流的关系往往会被外界不确定因素干扰，如高压传输线的接线方式，外部电流等；另一方面，测量位置处磁场的分布不均，会导致测量传感器的位置微小变动引起测量信号的失真。晶体光阀光学电流传感装置采用的是有限个传感元件的测量方式（以 4 个传感元件为例来计算和分析），是一种准闭环的结构，所以外磁场干扰对精度的影响必须考虑。

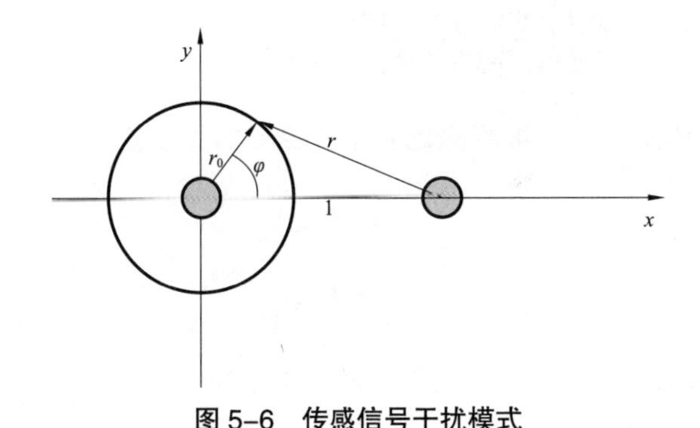

图 5–6　传感信号干扰模式

传感信号干扰模式如图 5–6 所示，在距离被测导线 1 的地方放置一干扰电流源，两导杆施加同相电流 I，晶体光阀传感头在半径为 r_0 的圆周上沿切线分布，则干扰源产生的外加磁场为：

干扰源所产生的磁场计算公式为

$$\begin{aligned} \vec{B} &= \frac{\mu_0 I}{2\pi r} \hat{r} \times \hat{z} \\ \hat{O} &= \hat{r}_0 \times \hat{z} \end{aligned} \tag{5–4}$$

干扰源在 r_0 圆周切线方向上产生的磁场为

$$\begin{aligned} \vec{B} \cdot \hat{o} &\propto \frac{\mu_0 I}{2\pi r}(\hat{r} \times \hat{z}) \quad (\hat{r}_0 \times \hat{z}) = \frac{\mu_0 I}{2\pi r} \hat{r} \times \hat{r}_0 \\ &= \frac{\mu_0 I}{2\pi} \frac{r_0 - l\cos\varphi}{r_0^2 - 2lr_0\cos\varphi + l^2} \\ &= \frac{\mu_0 I}{2\pi} \frac{r_0 - l\cos\varphi}{(r_0 - l\cos\varphi)^2 + l^2\sin^2\varphi} \end{aligned} \tag{5–5}$$

晶体光阀传感元件在 r_0，φ 和 φ+180° 处测得磁场和为

$$\begin{aligned}\sum\vec{B}\cdot\hat{o}&=\frac{\mu_0 I}{2\pi}\left(\frac{r_0-l\cos\varphi}{r_0^2-2lr_0\cos\varphi+l^2}+\frac{r_0+l\cos\varphi}{r_0^2+2lr_0\cos\varphi+l^2}\right)\\&=\frac{\mu_0 I}{2\pi}\left[\frac{2r_0(r_0^2-l^2\cos2\varphi)}{r_0^4+l^4-2l^2r_0^2\cos2\varphi}\right]\end{aligned}\tag{5-6}$$

4 个传感元件分布在圆周 r_0 上，并按 φ、φ+90°、φ+180°、φ–90° 分布，则 4 个传感头的被测磁场之和为

$$\begin{aligned}\sum\vec{B}\cdot\hat{o}&=\frac{\mu_0 I}{2\pi}\left[\frac{2r(r_0^2-l^2\cos2\varphi)}{r_0^4+l^4-2l^2r_0^4\cos2\varphi}+\frac{2r(r_0^2+l^2\cos2\varphi)}{r_0^4+l^4+2l^2r_0^4\cos2\varphi}\right]\\&=\frac{\mu_0 I}{2\pi}\left[\frac{4r_0^3(r_0^4-l^4\cos4\varphi)}{r_0^8+l^8-2l^4r_0^4\cos4\varphi}\right]\end{aligned}\tag{5-7}$$

则采用 4 个传感头时，被测磁场和干扰磁场的关系如下

$$\eta=\frac{\sum(\vec{B}\cdot\hat{o})_{\text{ex}}}{\sum(\vec{B}\cdot\hat{o})_{\text{in}}}\tag{5-8}$$

例如，当 φ=0，l=2r_0 时，干扰源带来的误差为

$$\eta_4=\left[\frac{r_0^4(r_0^4-l^4\cos4\varphi)}{r_0^8+l^8-2l^4r_0^4\cos4\varphi}\right]\approx-15\%\tag{5-9}$$

如不考虑会对精度带来 15% 的影响。因此有必要设计匀磁环来屏蔽外磁场，减少干扰源带来的误差。

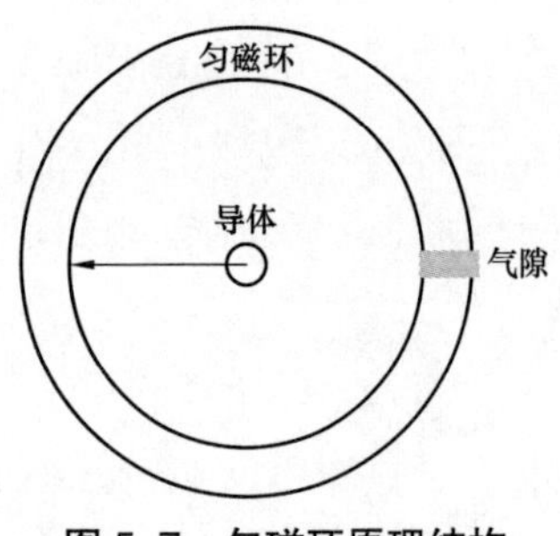

图 5–7　匀磁环原理结构

匀磁环通过高磁导率环建立被测电流与磁场的关系，其利用铁芯的高磁导率，在导体的周围形成低磁阻的通路，使导体产生的磁场集中分布在气隙的周围，形成均匀的磁场，磁场的大小与通过导体的电流呈正比例关系。设计时使气隙的长度 d 相对于环的周长 L，即 d<<L。其基本原理结构如图 5–7 所示。

假设导体中通过的电流 I_0，匀磁环长度为 L，气隙宽度为 d，匀磁环磁场强度为 H_{m}，气隙磁场强度为 H_0，匀磁环的相对磁导率为 μ_{m}，空气的相对磁导率为 μ_{a}，根据安培定律可以得

$$H_0 d+H_{\text{m}}L=I_0\tag{5-10}$$

考虑到磁通的连续性，可知

$$\mu_{m}\mu_{0}H_{m}=\mu_{a}\mu_{0}H_{0} \tag{5-11}$$

因此可以得到

$$(\frac{\mu_{a}d}{\mu_{m}L}+1)H_{m}L=I_{0} \tag{5-12}$$

将传感器放置于气隙处均匀磁场部位，并且由于 $d<<L$，气隙的相对磁导率远远小于匀磁环的磁导率，考虑到磁通的连续性，可以得到通过空气气隙的磁通量

$$\varphi=\frac{VI_{0}}{(\frac{\mu_{a}d}{\mu_{m}L}+1)}\approx VI_{0} \tag{5-13}$$

式中　V——磁光材料的 Verdet 常数。

因为气隙固定后，V 是不变的，因此，传感器在气隙处测得的磁场是与通过导体的电流 I_0 一一对应的。

考虑匀磁环中的磁阻 R_g 远大于气隙中的磁阻 R_0，因此使得匀磁环具有良好的抗干扰能力。

匀磁系统是利用高磁导率材料制作的圆环，又称为匀磁环。其利用磁环均匀环绕被测的导体，当被测导体通过电流时，匀磁环会在特定位置产生均匀的磁场。传感元件放置在相应的位置测量均匀的磁场，各处测得的磁场形成代数叠加关系形成的总磁场，与导体中的电流具有一一对应的关系。测得的总磁场与位置关系相应的不敏感。匀磁环结构使得多个传感元件的点式测量变成准闭环测量，建立被测电流与磁场的积分关系，因此具有屏蔽外界干扰、结构简单、使安装调试方便的作用。

（1）匀磁系统的类型。匀磁系统具有良好的准闭环效果，可以根据不同的使用场合以及不同的精度要求设计成不同的结构类型。本书主要提供缠绕线圈的闭环结构。

1）匀磁系统的设计必须考虑以下几个要点：

a. 导磁材料的饱和。闭环结构需采用断路线圈环绕来防止在精度测试范围内导磁材料饱和，同时保证围绕导线对称放置，即使饱和也对内部磁场分布无影响。线圈匝数与线径应根据发热功率与温升指标来设计。

b. 缝隙漏磁的非线性与温度稳定性对测量的影响。许多导磁材料的磁导率随温度与磁场强度变化，会带来一定非线性和温度稳定性问题。材料的选取，气隙

的设计应保证磁光晶体处的磁场受温度和导磁材料的非线性影响不至于影响测量精度。

2）缠绕线圈的圆环结构。缠绕线圈的圆环结构避免切割铁芯的工艺，可以使得整体的工艺复杂度降低。也能有效的抵抗外界干扰的影响。其有限元的仿真如图 5-8 所示。

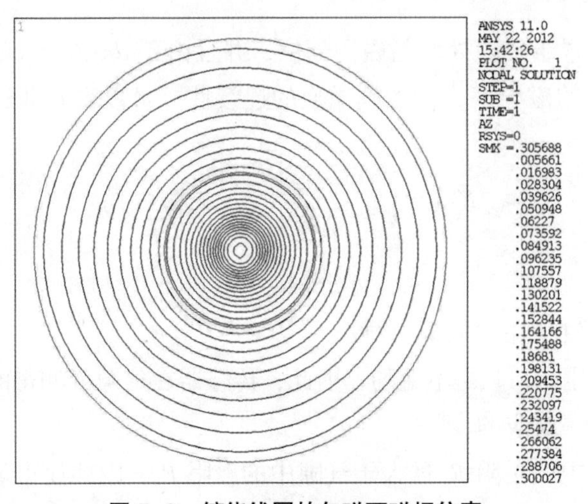

图 5-8　缠绕线圈的匀磁环磁场仿真

针对缠绕线圈的圆环结构进行抗干扰的仿真，其结果如图 5-9 所示。

从图 5-9 可以看出，外界的干扰基本都被磁环屏蔽掉，未能对内部磁场产生影响。

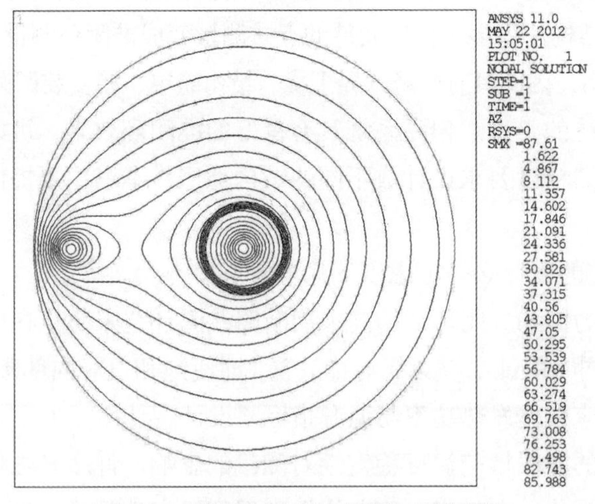

图 5-9　缠绕线圈的匀磁环抗干扰仿真

（2）匀磁环关键参数计算。对于无限长的圆筒形的屏蔽，假定其相对磁导率为 μ_r，内半径为 R，厚度为 t，其屏蔽效能的计算公式为

$$a_s = 20\lg(1+\frac{\mu_r t}{2R}) \qquad (5\text{-}14)$$
$$a_s = 20\lg S$$

式中　S——屏蔽因数。

注：式（5-14）来源于《Electromagnetic Compatibility for Device Design and System Integration》。

由式（5-14）计算已知：目标屏蔽因数为 252.75，则计算 a_s=48db。

铁芯材料为 30Q130 型的磁导率取保守值 10000，则计算得到的铁芯最小厚度为 10.01mm。由于实际的铁芯高度不可能是无限长的圆筒屏蔽，而为有限长的屏蔽，采用有限元仿真的方式模拟铁芯高度的最优尺寸。高度的影响主要表现为边缘磁通衍射导致的漏磁场，由于衍射磁通为半圆形分布，因此铁芯高度应不小于 2 倍的传感元件到铁芯的距离，考虑实际的安装工艺，传感器探头到铁芯的距离为 20~25mm，因此铁芯高度应不低于 50mm，考虑一定的安全系数，铁芯高度可取 80mm。

有限元计算结果如图 5-10~ 图 5-12 所示。

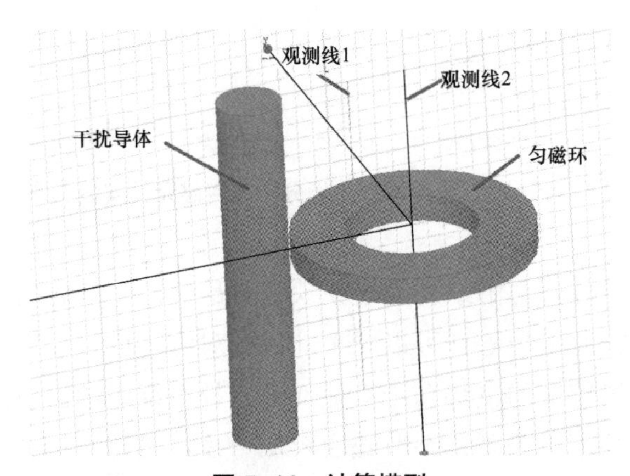

图 5-10　计算模型

从图 5-10~ 图 5-12 中可以看到，对于高度为 80mm 的铁芯，其越靠近中心的磁场屏蔽效果越理想，如果以中点的磁场强度的 110% 作为可接受的安装区域，其有效高度约为 6~7mm。

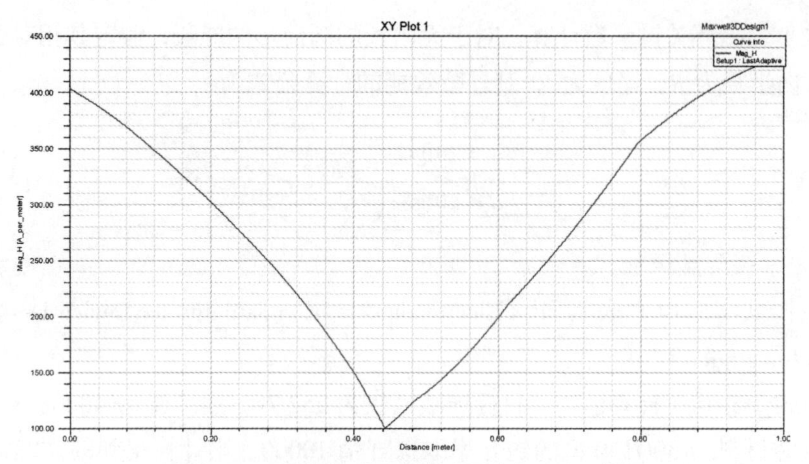

图 5-11　观测线 2 沿线的磁场分布（中心轴）

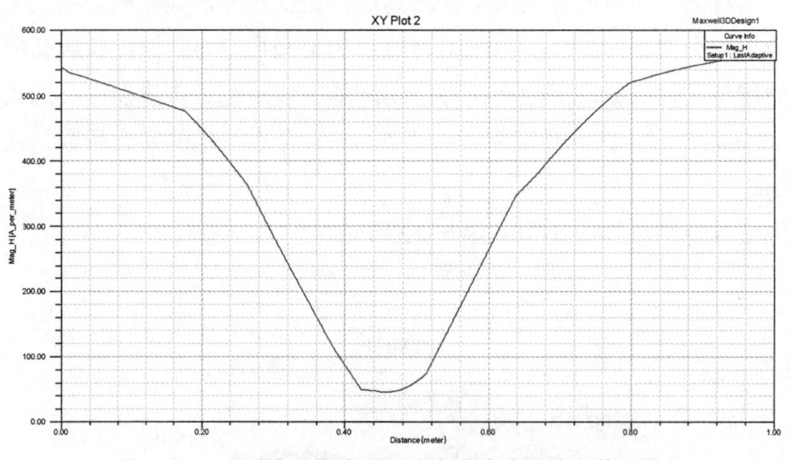

图 5-12　观测线 1 沿线磁场分布（传感元件安装位置）

（3）补偿绕组分析。由于外磁场在铁芯各部分产生的磁通的差异所产生的电势差形成环流，所以匀磁环可以减少外磁场对测量信号的影响。外磁场较强的部分的补偿绕组感应的电势高于其他部分，补偿绕组内流过平衡电流，此电流使杂散磁通较高一段去磁，杂散磁通较低一段增磁，以达到相差很小接近平衡的程度，但是补偿绕组或多或少会有一定的阻抗，绕组的阻抗越小，维持平衡电流所需要的电势差也越小，就越接近理想的平衡。因此补偿绕组的设计原则应满足两个要求：

1）密绕；

2）尽量选较粗的绕组线，降低绕组阻抗并保证短路条件下的载流量。

3. 动态校正系统

晶体光阀传感元件主要材料的透过率容易受到温度、外磁场强度改变等外界环境的影响。因此，需要设计一个标尺系统对易变的参数进行校准。

晶体光阀光学电流互感器采用动态校正测量技术，通过一个低功率恒流源产生一个恒定的参考磁场，与被测磁场同时叠加在传感信号上。参考信号作为标尺，其信号幅值和频率等参数不随外界温度、振动、电磁场干扰因素的影响而改变，精度可以达到万分之五。晶体光阀传感元件同时感应参考磁场信号和被测磁场信号，并将两种信号进行比较运算，实现相对测量。

设计动态校正系统，可消除外界因素所造成的干扰，提高系统信噪比，并能大大提高测量小电流时的精度，使 mA 量级的电流量测精度达到 0.2S 级。

动态校正技术可根据外界环境因素如温度、振动、磁场干扰等进行动态校正，同时配备微分校准算法和差分算法，大大增强测量系统对各种运行工况的适应性。

动态校正系统是由一个恒流源模块以及若干个线圈组成，其基本结构如图 5-13 所示。

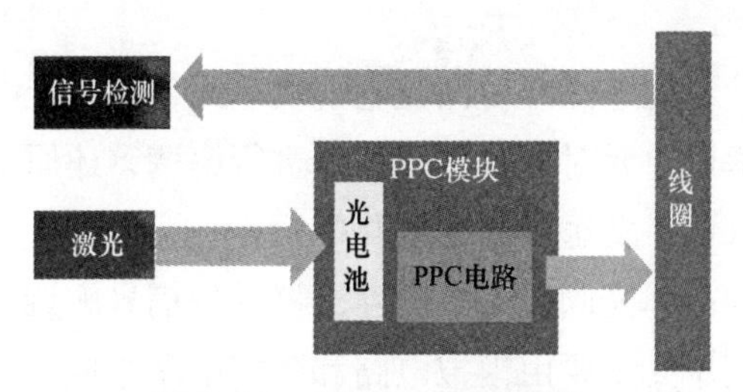

图 5-13　光学标尺系统结构

图 5-13 中光学标尺恒流源（PPC 模块）由光电池和 PPC 电路组成，提供高精度的恒流电流信号，通过线圈产生恒定的磁场。恒定磁场信号调制在晶体光阀传感元件上面，通过信号的解调即可获得。

动态校正系统给晶体光阀光学电流互感器提供基准标尺，是衡量系统精度的基石。为达到高精度、高可靠性，其设计必须具有以下要点：选用温度膨胀系数极小的钶瓦合金作为 PPC 模块外壳，避免热胀冷缩影响内部结构，同时完全封闭金属结构能屏蔽绝大部分外界高频磁场干扰，实测对信号的影响不超过万分之一。

4. 光电驱动单元

激光器发出恒定光信号作为测量信号载体，将一次电流激发的磁场信号调制到载波信号中。

通常，光路中采用两个信号光源波长分别是 1490nm 和 1550nm，作为调制信号的载体。两光源同时发光。当一次电流为零时，输出为直流信号，当一次电流为正弦信号时，感应产生的正弦磁场信号调制到输出中，输出信号即带有直流偏置的正弦信号。

在光纤传感系统中一般采用单一波长的光源，这样会导致传感系统中光路复杂，光纤繁多，测量时容易产生干涉问题，而且抗干扰能力弱。而晶体光阀光学电流互感器在光纤传感系统中巧妙地应用波分复用技术可以有效地简化光路，很大程度地减少处于高电势位置的磁光传感元件部分的光纤数目，且对一个磁光传感元件可以双向同时测量，增加测量精度的同时，也能满足直流和交流的测量。

波分复用（CWDM）模块即在同一根光纤中同时使用两个不同波长（1490nm 和 1550nm）的光，两束光在同一光路中沿相反方向传播，分别调制电流大小信息，两路传感信号大小相等，方向相反，因此这种方法也称为差分双光路检测。每一套传感系统含有两套光路，每套光路含两个传感组件，每套传感系统输出 4 路信号。测量和保护分别使用一套独立的传感系统。

5. 光电解调单元

经过调制的光信号通过光纤传回光电解调单元，利用光电二极管将光信号转换成电信号。光电解调单元对接收到的信号进行解调，还原出被测电流，并以标准协议格式将数据打包，发送至下级合并单元。

光电解调单元为晶体光阀光学电流互感器处理信号解调、运算、数据传输的配套设备。光电解调单元主要由模拟电路和数字电路组成，经过调制的光信号通过光纤传回光电解调单元，利用光电二极管将光信号转换成电信号。电信号经模拟电路处理后转成数字信号，经过解调、计算及打包成 IEC 61850/FT3 协议后输出。整体架构如图 5-14 所示。

（1）模拟电路信号处理主要由光电转换、数字均衡、差分电路、固定放大和低通滤波电路等构成。激光器发出直流 1490nm 和 1550nm 波长的光经过晶体光阀传感器和 CWDM 模块光路以后，转成 4 路测量和 4 路保护交流光信号输入电路中。经过信号解调和模数转换后成数字信号进入主 DSP 进行计算。各模块电路描述如下：

1）信号光源控制电路；

2）电压转换电路；

3）光电 IV 转换；

4）数字均衡；

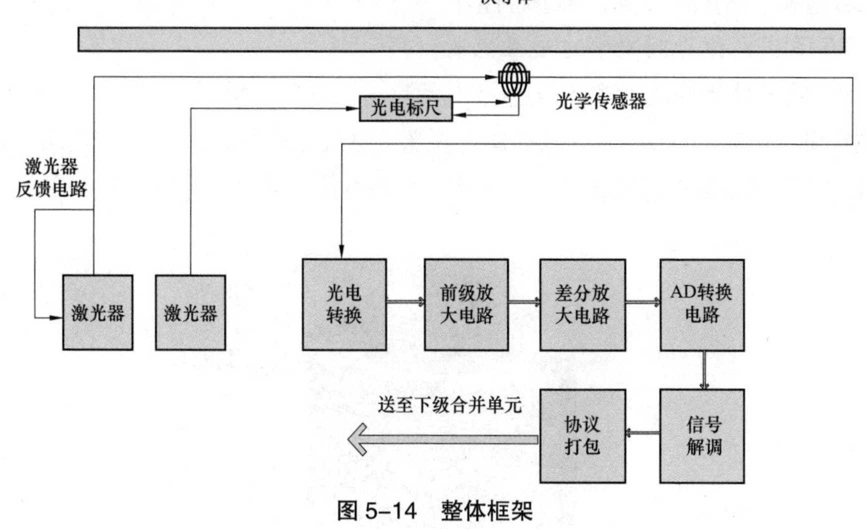

图 5–14　整体框架

5）差分、反向电路；

6）低通滤波电路；

7）16 位 AD 采集电路；

8）过零检测电路。

（2）数字电路主要由主 DSP 和从 DSP 组成，它们之间分工合作，通过 DualRAM 进行数据交换，以统一的秒脉冲时钟作为两个控制器的全局时钟，在此期间它们分别完成各自的任务，各数字电路描述如下：

1）主 DSP 和从 DSP 及外设电路；

2）DualRAM 电路、F-RAM 电路和 RAM 电路；

3）以太网电路；

4）秒脉冲和光串口电路；

5）逻辑电平转换电路。

5.1.2.2　工程应用方案

晶体光阀光学电流互感器安装方式灵活，可与隔离式断路器、GIS、变压器、罐式断路器等高压一次设备高度集成，大幅度节约占地，其性能特点如下：①高灵敏度相对测量系统，无须补偿，高环境适应性；②外置式结构，便于安装维护；③无需现场熔接光纤，拆装方便；④一次传感组件与二次采集单元可任意搭配，可替代性强；⑤测量精度高，可同时满足计量、测控及保护要求；⑥无一次采集模块，不受 VFTO 干扰影响；⑦具有智能故障自诊断功能，避免造成保护误动；

⑧无磁饱和，测量频带宽，暂态特性好。

1.GIS 式晶体光阀光学电流互感器

GIS 式晶体光阀光学电流互感器为无源光学电流互感器，主要由一次部分、采集器和合并单元组成。GIS 式晶体光阀光学电流互感器一次部分结构如图 5-15 所示，电流传感组件装配在 GIS 气室外，安装方便，无高压绝缘风险。

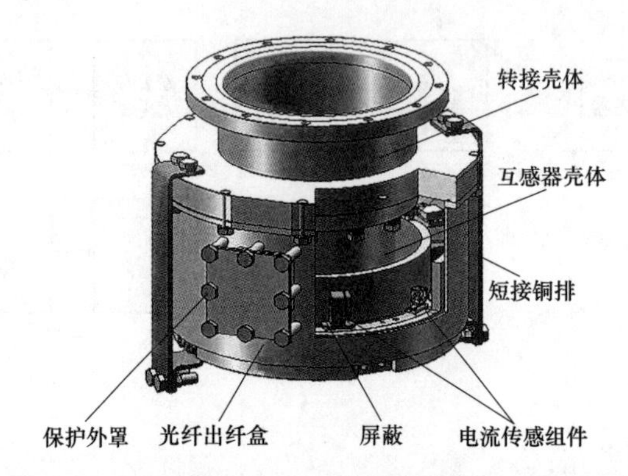

图 5-15　GIS 式晶体光阀光学电流互感器一次部分结构

针对 110kV GIS 式晶体光阀光学电流互感器设计结构如图 5-16 所示，采用三相共体的结构方式。

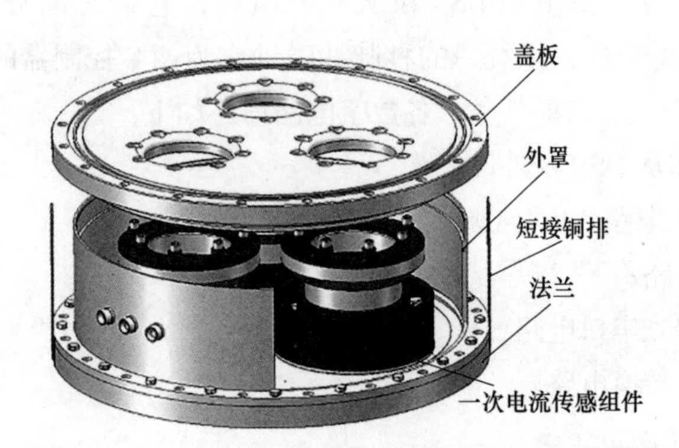

图 5-16　110kV GIS 式晶体光阀光学电流互感器结构

2.DCB 式晶体光阀光学电流互感器

DCB 式晶体光阀光学电流互感器结构简单，易于集成，目前已与西安西电高压开关有限责任公司、江苏省如高高压电器有限公司、上海思源高压开关有限公司、平高集团有限公司等多个厂家的断路器集成。DCB 式晶体光阀光学电流互感器结构如图 5-17 所示。

3.AIS 式晶体光阀光学电流互感器

AIS 式晶体光阀光学电流互感器采用光纤复合绝缘子，绝缘方式简单安全可靠，电压等级越高优势越明显。AIS 式晶体光阀光学电流互感器一次部分结构如图 5–18 所示。

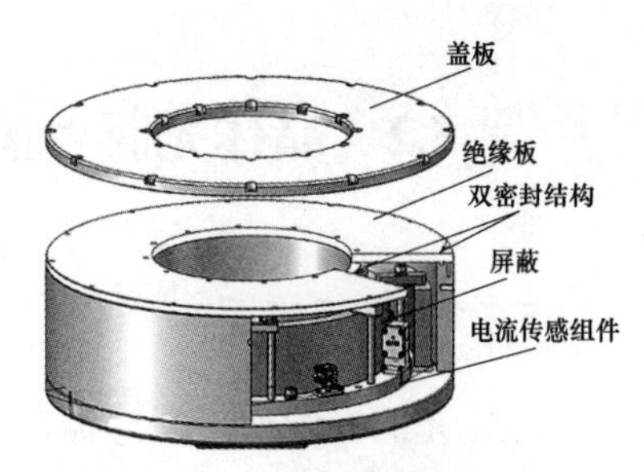

图 5–17　DCB 式晶体光阀光学电流互感器结构

4. 特高压交流滤波器不平衡电流互感器

特高压交流滤波器不平衡电流互感器可实现高灵敏度小电流测量，采用相对测量系统，准确度可达到 0.2S 级。特高压交流滤波器不平衡电流互感器部分结构如图 5–19 所示。

5.AIS 式直流电流互感器

晶体光阀光学电流互感器可实现直流电流测量和保护功能。AIS 式直流电流互感器一次部分结构如图 5–20 所示。

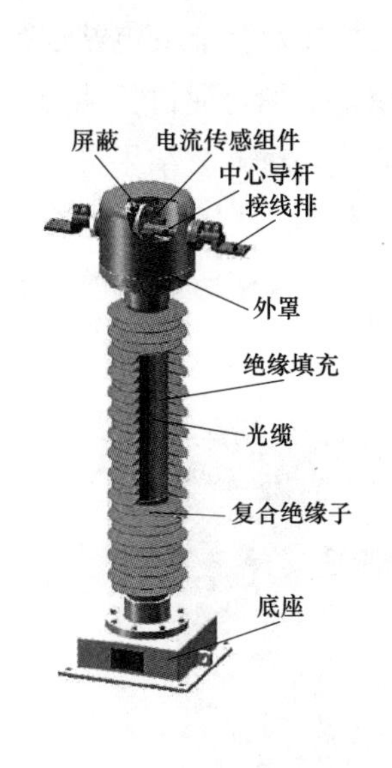

图 5–18　AIS 式晶体光阀光学电流互感器一次部分结构

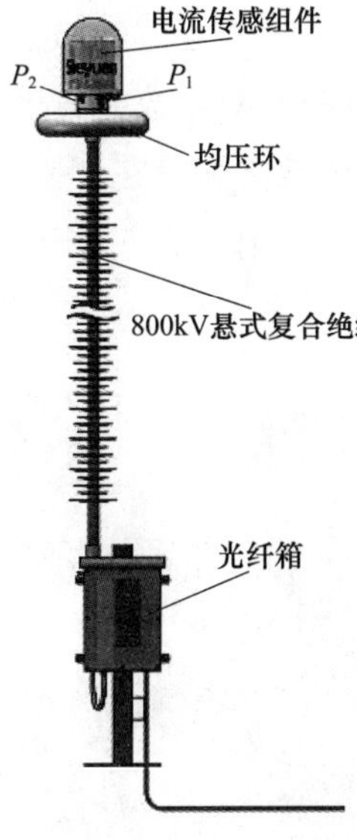

图 5–19　特高压交流滤波器不平衡电流互感器结构

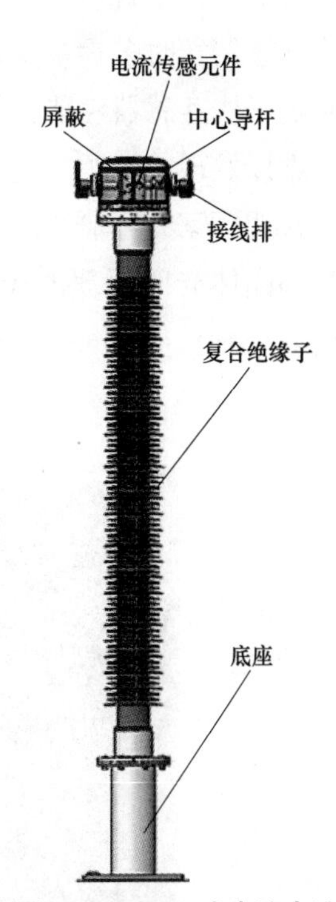

图 5–20　AIS 式直流电流互感器一次部分结构

5.2 晶体光阀互感器工程应用及运维特性分析

5.2.1 工程应用

晶体光阀光学电流互感器已有近10年的研究积累，目前已为国内多家企业研制出10kV到500kV的GIS、AIS及DCB式等不同系列共十余种以上的光学电流互感器产品样机。其代表产品工程应用介绍如下。

（1）220kV GIS式晶体光阀光学电流互感器。基于晶体光阀传感单元原理研发的光学电流互感器在交流电流测量系统中已实现了多项应用。其中220kV GIS式晶体光阀电流互感器已通过中国电力科学研究院武汉分院的型式试验、性能试验和长期带电考核试验。图5–21给出了首批220kV GIS为期一年的带电考核现场运行图。根据6座示范站电子式互感器运行情况和特点，制定电子式互感器长期性能考核平台，该平台综合高压、自动化、保护、计量等专业要求，应用电子式互感器实时多参量全过程检测，通过在高低温、短路大电流等工况下全方位考核电子式互感器性能，借此发现常规型式试验、专业性能检测及智能变电站运行中难以发现的问题，进一步提升电子式互感器的整体实用化水平。通过长期带电考核让厂家充分地暴露问题和缺陷，对整改方案进行把关，并对整改结果进行验收。晶体光阀原理的光学电流互感器无论在暴露问题的数量、严重度还是在整改效率和验收方面都表现的比较突出。表5–1给出长期带电考核后进行的试验项目。

图5–21　220kV GIS式晶体光阀电流互感器长期带电考核试验

表 5-1　　武高所长期带电考核后试验项目

序号	试验项目	依据标准	试验结果
1	基本准确度试验	GB/T 20840.8—2007《电子式互感器性能检测方案》	通过
2	复合误差试验	GB/T 20840.8—2007《电子式互感器性能检测方案》	通过
3	温度循环准确度试验	GB/T 20840.8—2007《电子式互感器性能检测方案》	通过

另外，220kV GIS 式晶体光阀光学电流互感器在榆河智能变电站现场投入运行，截至 2018 年 2 月 26 日，产品运行良好，智能变电站现场运行如图 5-22 所示。

图 5-22　榆河智能变电站现场运行图

（2）220kV AIS 式晶体光阀光学电流互感器。220kV AIS 式晶体光阀光学电流互感器在京沈高铁黑山变电站的现场运行如图 5-23 所示。产品的成功交付及顺利投运，为光学电流互感器在铁路系统的大规模使用奠定了基础。

（3）110kV GIS 式晶体光阀光学电流互感器。110kV GIS 式晶体光阀光学电流互感器采用三相共体的结构方式，是目前国内唯一一家通过武高所性能检测的光学电流互感器，图 5-24 所示为样机进行容性小电流开合闸试验。

目前该产品已经运用到 110kV 保山芒棒变电站工程项目中，如图 5-25 所示。保山 110kV 芒棒输变电工程位于腾冲县城东南部，高黎贡山北麓，龙川江两岸的河谷地带。工程项目主要由 110kV 芒棒变电站、腾冲县龙江一级站至芒棒变

图 5-23　京沈高铁黑山变电站产品现场运行图

图 5-24　三相共体 110kV GIS 用晶体光阀电流互感器容性小电流开合闸试验

图 5-25　三相共体 110kV GIS 晶体光阀电流互感器在芒棒变电站中的现场运行图

电站 110kV 送电线路工程组成，110kV 三相共体 GIS 式晶体光阀光学电流互感器的运用为该站提供了安全可靠的智能化在线监控设备。

（4）± 160kV 南澳多端柔性直流工程。± 160kV 南澳多端柔性直流工程是由中国南方电网有限责任公司于 2013 年底建成并投运的世界首个多端柔性直流工程，该工程包括塑城（受端）、金牛（送端）和青澳（送端）3 个换流站，远期将扩建塔屿换流站（送端），变成四端柔性直流工程。已建成的塑城、金牛和青澳站设计容量分别为 200、100、50MW，采用基于半桥型子模块级联型多电平换流器。工程主要作用是将南澳岛上分散的间歇性清洁风电通过青澳站和金牛站接入并通过塑城站输出。为了能够避免在直流侧发生故障时，如直流线路短路故障、阀侧接地故障等，采用闭锁换流器，断开交流侧交流断路器来清除故障时造成的整个系统停运，± 160kV 机械式高压直流断路器用于直接切除并隔离故障点，使没有发生故障的换流站及线路仍可以保持正常运行，从而提高直流系统运行的可靠性。晶体光阀光学电流互感器用于系统的故障诊断。晶体光阀光学电流互感现场图如图 5–26 所示。

图 5–26　晶体光阀光学电流互感现场图

（5）330/800kV 不平衡电流互感器。基于晶体光阀传感单元原理开发的不平衡电流互感器已完成开发，可应用于特高压直流工程的滤波器不平衡电流互感器的测量（见图 5–27），额定电流 1A，测量精度可达 0.2S 级。在大动态范围、高精度的电流互感器设计过程中积累了丰富的经验。

图 5-27　应用于特高压直流工程的滤波器不平衡电流互感器

5.2.2　运维特性分析

1. 一次部件和二次设备的连接

采集器接口如图 5-28 所示。

（1）每拔掉一根光纤的保护帽，放入清洁的地方（回收备用），然后按照光纤上的标签，插入到二次采集器对应的法兰中。操作过程务必小心，不要碰到或者弄脏接口的端面，建议插入前用酒精纸擦拭清洁光纤端面。插入过程中注意光纤不要交叉缠绕，劲量减小光纤弯曲程度。

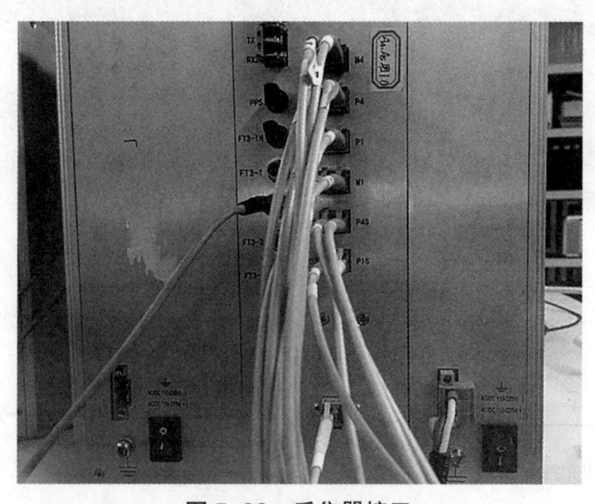

图 5-28　采集器接口

（2）插完所有的光纤后，检查一遍光纤接口端的标签是否与二次采集器法兰接口的丝印对应，如不对应，请重新正确插入。

（3）将采集器采集处理后的信号通过 FT3 发送端口发给控制系统。

2. 检查二次参数与信号

（1）检测采集器与控制单元连接状态。检查有 FT3 信号输入的 FT3 接收端口，对应指示灯闪烁，则代表连接正常。

（2）检测采集器面板运行指示灯是否存在问题。正常运行时，状态运行指示灯应该显示绿色，反之为异常。

5.3 晶体光阀电流互感器的工程应用问题以及相应策略

5.3.1 工程安装应对策略

在实际工程应用中，晶体光阀光学电流互感器需要正确安装以及调试，才能正确使用，为指导正确安装，需制定安装策略。

（1）一次部分安装。一次接线时，电接触面要清洁、无锈蚀，并均匀涂导电膏。要保证一次导线与接线端子紧密接触以减小接触电阻，连接螺栓的预紧力矩为 10N·m。

用户在连接一次接线端子前，应确保一次接线端子表面洁净无污物。清洁连接端子并均匀涂上导电膏。用紧固件连接达到足够的接触压力。

吊装安装之前，应做好绝缘套管底部光纤的保护措施；吊装完成后，核实绝缘套管底部光纤是否完好无损，并做好光纤通光测试。绝缘套管两端光纤应分别编号，编号要求简单明了、容易辨别，三相的应按相序编号，并注明主用传感单元及备用传感单元。传感单元光纤与绝缘套管光纤需建立明确的一一对应关系，并保存记录。

安装过程中，应满足光学电流互感器的极性要求。

（2）光缆铺设。光学电流互感器一次传感部分的输出光缆应按照设计要求铺设，使用扎带固定，排列整齐。铺设过程中应不折弯光缆，不得硬拖、硬拽光缆，光缆单独铺设，不得与其他线缆混在一起，并使用尼龙扎带固定于电缆沟支架上。

多余的尾缆应盘好，并用扎带固定在屏柜下面，不得与其他光缆交叉。多余的跳纤应盘在储纤盒里，并做好标签，保证光纤的弯曲半径不小于 3cm。光缆接头应保持清洁干燥，光纤配线架应注明光纤去向，并做好清晰的标签，并在服务结束后提供电子档的光纤清册。

光缆铺设完成后应进行通光测试，保证整个铺设过程中光缆无损伤。

（3）现场调试。核实额定电流、同步方式选择、输出数据帧格式、传输速率选择、同步频率选择、板卡通道性能等参数是否满足技术协议要求。

保存采集单元与合并单元的配置文件。

现场功能检查完成后，应配合第三方检测机构完成电子式互感器的极性校验、准确度试验及绝缘耐压试验等现场交接试验项目。现场安装调试需遵守相关安全规程的规定。

（4）接地端子。产品应通过接地端子可靠接地，分为一次底座和二次机柜接地。

5.3.2　工程检查应对策略

在实际工程应用中，晶体光阀的电流互感器需要正确检查，才能及时发现问题和解决问题，为帮助发现一次部分的问题，需制定检查应对策略。

在实际应用中需要具体执行如表 5–2 所示的检查措施。

表 5–2　检查项目

序号	项目	要求	周期
1	设备构造检查（构件，基础，接地）	（1）设备构架接地应该良好、紧固、无松动、锈蚀； （2）设备基础无裂纹、沉降； （3）设备构架螺栓应紧固	配合日常巡视开展
2	检查设备外观是否良好	（1）外表面油漆是否起皮、脱落； （2）金属外表面是否锈蚀氧化； （3）紧固件是否锈蚀、氧化	配合日常巡视开展
3	TA 绝缘子污秽清洁	清洁光纤绝缘子污秽，套管外观完整，无损坏	结合停电预式开展
4	光路检查	（1）光路损耗满足要求； （2）光纤连接器完整，光纤端面无污损	结合停电预式开展

5.3.3　长期挂网应用以及故障应对策略

故障一：

（1）故障描述。在长期带电考核平台的测试中，其中一台样机投运后，在 2015 年 11 月出现保护测量数据为 0，报文分析仪报告采样无效的警告。将采集器重新开关机，保护测量数据恢复正常。

（2）问题原因分析。分析结果发现造成合并单元采样无效的警告的原因有很多，主要有以下几个方面：

1）采集器与合并单元之间的通信有问题，例如：通信光纤损耗过大或者光纤端面没有接触好，通信激光器发光变弱或者损坏等。

2）采样数值过大超出设定的范围。

3）一次部分的光学传感器损坏，传感光纤拉断，光学器件损坏等。

4）电路部分异常，如光电转换器损坏，模拟放大器损坏，AD 转换器损坏，数字信号处理器损坏等。

5）程序软件部分存在 BUG，对于某些不易出现的异常处理没有到位。

6）合并单元硬件或者软件异常。

原因定位分析：

1）由于开关采集器之后系统恢复正常，所以一次传感器及光学器件和硬件电路部分应该是没有问题的。

2）由于该互感器采用的是两台采集器和一台合并单元，另外一台采集器的运行状况良好，所以可判断合并单元的问题的可能性比较小。

3）由于此现象是在上电的时候才发生的，这个现象能够说明跟软件程序的处理关系比较大。

由以上分析可知，造成这个问题的原因软件程序处理部分的可能性比较大。为了重现故障现象，拿了一套和挂网一样的采集器和合并单元及相应的程序版本做开关机试验。

经过开关机发现确实存在这个问题，然后经过软件工程师用仿真器跟踪程序及查阅相关资料发现造成这个问题的原因有两个：

1）采集器的两个 DSP 同步的初始值不稳定的问题，分析如下：

系统采用的是双 DSP 架构，DSP-B 为主的 DSP，DSP-A 为从的 DSP，DSP-B 负责数据采集及算法处理，DSP-A 负责协议处理和激光器状态采集及监控，两 DSP 间按照一定的时序关系协同工作。

由于采集器刚开机上电时，在 DSP-B 中进行信号数据计算 $A=S\times k$，k 是 DSP-A 采集的状态数据，S 是信号，当上电时 DSP-A 和 DSP-B 上电次序异常时，即 DSP-A 中的还未完成状态数 k 采集，DSP-B 开始计算信号数据 A，这时 k 未初始赋值则为一个随机数，当 $k=\pm\infty$，$A=\pm\infty$，这时合并器进行数据合法性检查时，将 A 值状态位置采样无效，A 强制输出 0，导致出现报文分析仪报告采样无效的警告，保护测量数据均为 0。

2）DSP 的外部扩展接口模块偶尔初始化异常造成 DSP 死机的问题，分析如下：

经过查阅资料发现，采集器使用 TI（德州仪器）的 DSP 芯片（型号

TMS320F28335），并且用到了外部存储器外设模块。然而该模块有个 BUG，在 DSP 上电时，有复位不成功的可能，如果此时访问该模块，会导致 DSP 死机。这个可以从 TI 发布的勘误手册（SPRZ272I）上找到相关描述。

（3）应对策略以及结论改进措施。经上述分析判断在采集器软件中加入防范措施即可消除隐患。防范措施如下：

措施一：增加两 DSP 间的时序同步判断功能。

措施二：对采集器从的 DSP 采集缓存进行初始化，给缓存一个默认的初始值，以防止在开机瞬间出现的随机值问题。

措施三：对采集数据 k 进行合法性检查，防止一些非法的数据参与计算。

措施四：在 DSP 上电后，通过看门狗复位一次 DSP，即可保证外部扩展接口模块成功复位，消除 DSP 死机的风险。

前三个措施针对采集器的两个 DSP 同步的初始值不稳定的问题，第四个措施针对 DSP 的外部扩展接口模块偶尔初始化异常造成 DSP 死机的问题。通过以上四个改进措施，即可消除存在的隐患。

（4）改进试验及效果。增加以上四项措施后，为了加大问题出现的概率，增加了试验的样本数，加长测试时间。通过对 10 台采集器反复开关机一个星期，没有出现过采样无效的情况。并在更新长期挂网测试样机软件后，设备工作正常，反复开关设备再未发生异常。

故障二：

（1）故障描述。晶体光阀光学电流互感器在历时一年的挂网运行中，总体运行情况良好。在夏天室外机柜长期高温的情况下及长期高湿度的情况下均正常工作，测量比差精度和相位精度均符合要求，在多次一次回路开合闸及多次电流升降试验的考验下工作均正常，现将结果汇报如下：

在高温度和高湿度的情况下，电磁电流互感器比差曲线（额定电流比差 0.06%，相位变化 1′，小电流比差变化 0.1%，相差变化 1′），如图 5–29 所示。

在开合闸的情况下，光阀电流互感器的比差相位情况（额定电流比差误差正负 0.05%，相差变化 2′，小电流情况下比差误差 0.15%，相位变化 2′），如图 5–30 所示。

（2）应对策略。通过测试平台长期运行及过程操作，发现两个异常现象问题，体现出测试平台专业能力及建设的必要性。

现象 1：其中一台样机误差超限。

1）异常原因：激光器批次的原因导致激光器输出的光强与 PD 反馈光强不线性。

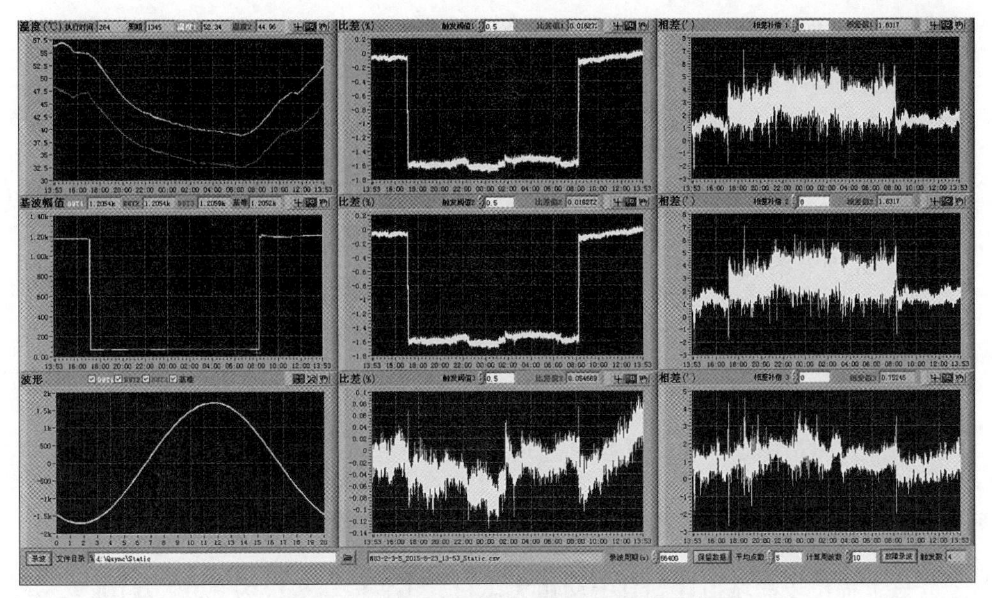

图 5–29 电磁电流互感器开合闸误差曲线

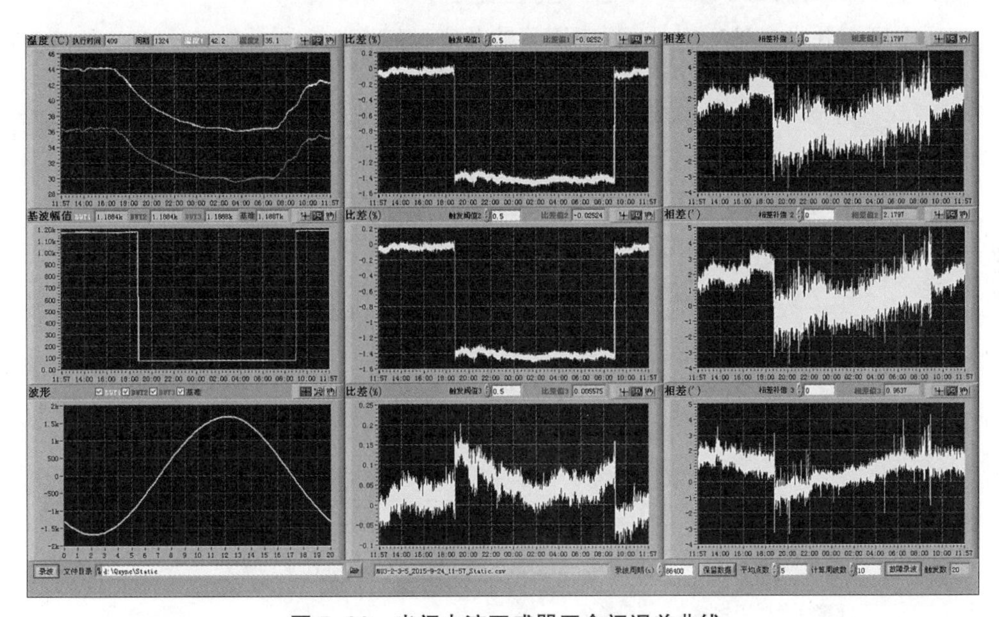

图 5–30 光阀电流互感器开合闸误差曲线

2）处理方案以及应对策略。

处理方案：弃用该批次激光器。加强来料的管理和检测。

验证效果：更换批次后再未出现类似现象。

后续保障措施 1：加强来料的管理和检测；

后续保障措施 2：提高技术参数和质检方法。

现象 2：其中一台样机在开关机后，保护输出为 0，报文分析仪显示采用无效。

1）异常原因：处理器器件存在 BUG，此器件 BUG 属于概率事件。上电时两 DSP 工作时序异常。

2）处理方案以及应对策略。

处理方案：已通过软件解决此问题。

验证效果：反复开关设备再未发生异常。

后续保障措施 1：增加产品的测试项目，减小测试盲区。

后续保障措施 2：增加两 DSP 处理器相互间的同步时序。

5.3.4 榆河变电站 220kV GIS 工程应用及故障应对

该工程位于盐城市建湖县上岗镇大志村，工程电压等级为 220/110/10kV，本次工程共计 6 套 220kV GIS 式光学电流互感器。

榆河变电站 220kV GIS 工程应用问题及应对如表 5–3 所示。

表 5–3　　榆河变电站 220kV GIS 工程应用问题及应对

序号	问题名称	应对策略
1	施工技巧	提前了解项目实时情况，提前确定采取何种施工安装方式进行
2	光缆铺设	铺设光缆时，每个转弯口，必须有预留（10m），以环形状绕制延伸。原则上，光缆不得与电缆同一线槽内，如有，必须增加套管隔离，或保持一定平行距离。光缆接续处，接头盒两端必须各预留 10m 左右光缆。且接头盒必须安装在支架上，固定于管道中，严禁长期浸泡水中
3	柜体搬运	柜体在搬运至室内时，必须提前锁好柜门，如需倒柜搬运时，玻璃门必须朝上，用绳子绑运时，柜体与绳索之间必须用软布格挡，以防摩擦柜体漆面。柜体定位时，原则上严禁直接推柜体表面，以防柜体变形
4	光缆接续，电缆接续	在做接续时，需随手配备垃圾纸篓，接续过程中产生的铜线，光纤，皮层等碎件不得随意掉落地面或柜体内，以防导体短路。每阶段施工完成，都必须及时清理干净。以防下次进入碎件被碰散落
5	总装配光路不通	光纤整理时弯曲角度稍大导致，按照弯曲半径放缆
6	光纤熔接及电阻焊接中遇到焊接不规范	要按接线图接线
7	光纤接错	建议以后接线项目作为自互检和检验员必检项目
8	光纤盒	光纤盒装好后防水工作要到位
9	产品在包装中因为有光缆在，包装时易碰到光缆	包装箱底部加高让光缆与箱底有安全距离

6 光学电压互感器产品技术原理及工程应用情况

6.1 光学电压互感器产品技术原理及设计方案

6.1.1 光学电压互感器技术原理

光学电压互感器基于光学晶体的 Pockels 效应，具体是指某些晶体材料在外加电场作用下，其折射率随外加电场发生变化的一种现象，亦称为线性电光效应。当一线偏振光沿某一方向入射处于外加电场中的电光晶体时，由于 Pockels 效应使线偏光入射晶体后产生双折射，这样从晶体出射的两双折射光束就产生了相位延迟，该延迟量与外加电场的强度成正比，有

$$\delta = kE = \frac{\pi V}{V_\pi} \tag{6-1}$$

式中 E——晶体所处的外加电场的场强；

k——与晶体材料的性质及通光波长相关的常数；

V——晶体上外加电压的大小；

V_π——晶体的半波电压（是指由 Pockels 效应引起的双折射两光束产生 180° 相差所需的外加电压的大小）；

δ——由 Pockels 效应引起的双折射两光束的相位差。

由式（6-1）可见，通过检测该相位差即可得知外加电压 / 电场的大小。

根据电光晶体中的传光方向与电场方向的关系，基于 Pockels 效应的光学电压精密测量可分为横向调制和纵向调制两种形式。本产品采用横向调制技术实现，从图 6-1 中可知，横向调制中，电光晶体中的传光方向与电场方向相互垂直。

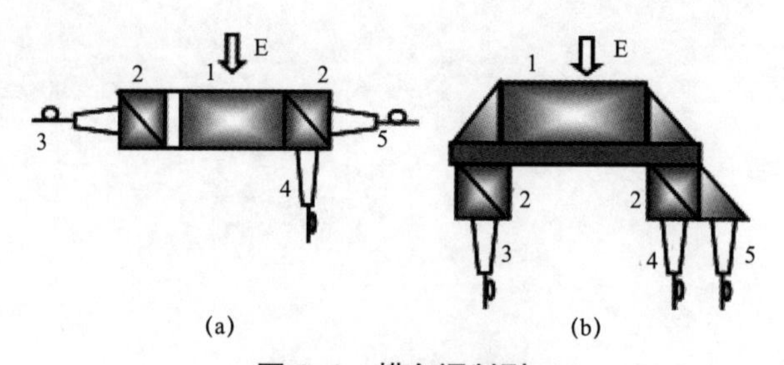

图 6–1　横向调制型

(a) 透射式结构；(b) 反射式结构

1—电光晶体；2—偏振器；3—入射光；4—出射光路 1；5—出射光路 2；

对横向调制，以 BGO 传感晶体为例，其半波电压为

$$V_{\pi} = \frac{\lambda d}{2n_0^3\gamma_{41}l}$$

式中　λ——光波波长；

n_0——晶体的折射率；

l——晶体通光方向的长度；

d——晶体沿施加电压方向的厚度；

γ_{41}——晶体材料的线性电光系数。

光学电压互感器测量电压技术方案如图 6–2 所示。入射光经横向调整传感光路，将电场的变化反映为光的相位变化，经光路干涉进入光电探测器，信号处理电路经过一系列的电路处理、误差抑制等关键步骤，最终将电压信号解调出来。

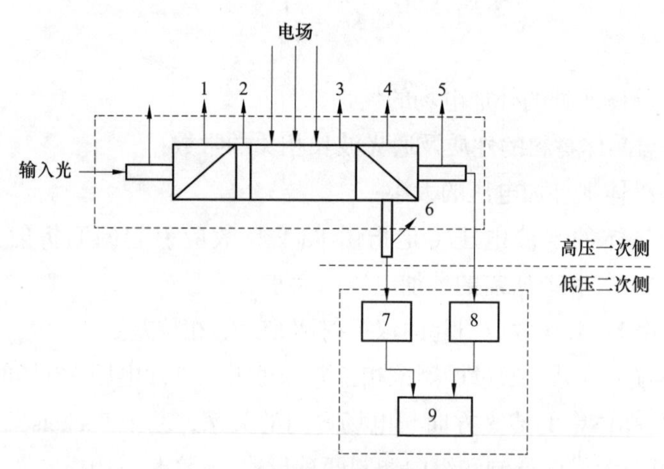

图 6–2　光纤电压精密测量技术方案

1—偏振器；2—1/4 波片；3—BGO（锗酸铋）晶体；4—偏振分束器；

5、6—光纤；7、8—探测器；9—信号处理

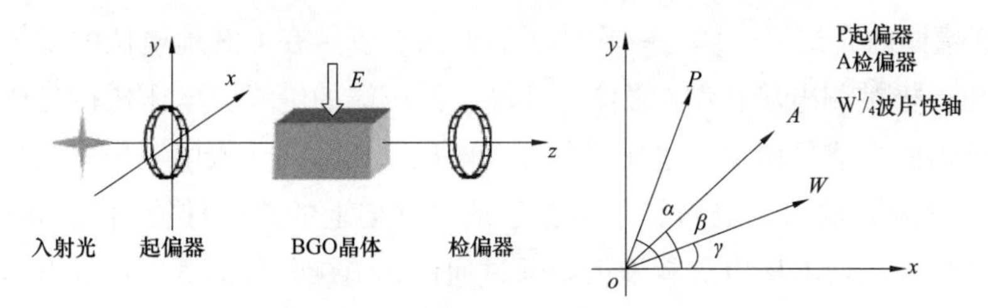

图 6–3　横向调制偏光干涉原理图

图 6–3 为干涉法检测光学相位变化的原理示意图。入射 BGO 晶体的单色光经过起偏器后，分解成初相相同、偏振方向相互垂直的两光束。在外加电场的作用下，两光束在晶体中的传播速度不同，因此从晶体出射时产生了相位差。因两双折射光束的偏振方向不一致，而不能直接产生干涉。为了检测这一相位差，必须利用一检偏器使它们的偏振方向一致，成为同频率、同方向的相干光束，产生干涉，并由最终干涉结果解调出电场作用下的相位差进而计算出电压值。光学互感器结构组成如图 6–4 所示。

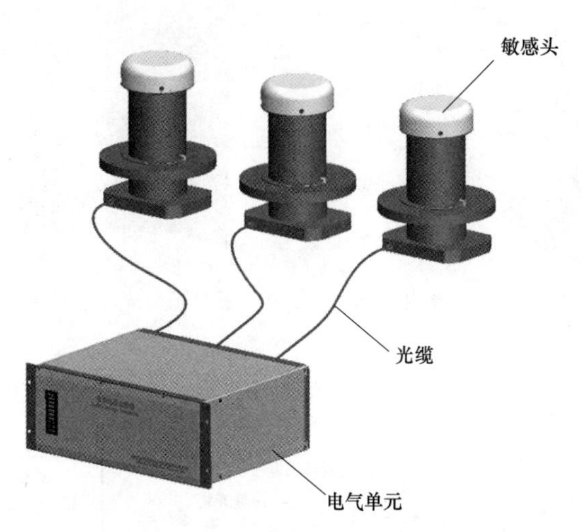

图 6–4　光学电压互感器结构组成图

6.1.2　GIS 内嵌式光学电压互感器设计方案

内嵌式光学电压互感器一次传感器内嵌式安装在 GIS 罐体上用于传感被测电场，如图 6–5~ 图 6–7 所示。主要组成部分包括：一次电压传感器、GIS 罐体、电压采集器、电子式互感器电压电流就地模块等。

GIS罐体内充绝缘气体，一次传感器嵌入式安装在GIS地电位的罐体上用于传感高压电极被测电场；GIS罐体保证高、低压侧的绝缘；电压传输光缆将一次电压传感器的光信号传输至电压采集器，电压采集器对一次电压传感器的光信号进行数据处理并输出，电压采集器置于地面支架上的户外挂箱内或间隔汇控柜内；电子式互感器电压电流就地模块通过通信光缆接收采集器发送的电压信息并接入高可用性无缝环网（HSR）环网，就地模块置于间隔汇控柜内。

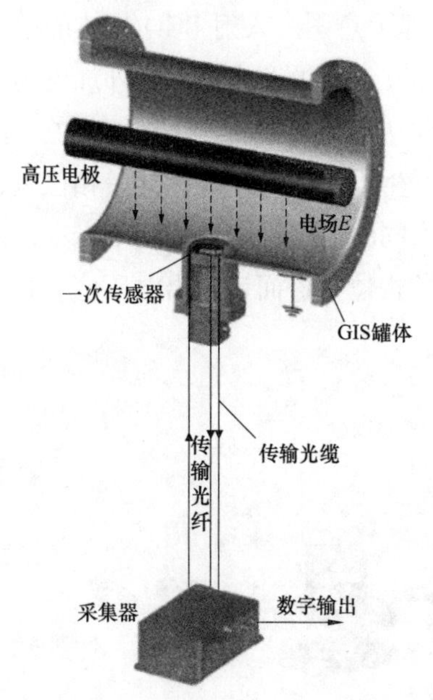

图6-5　光学互感器与GIS集成方案

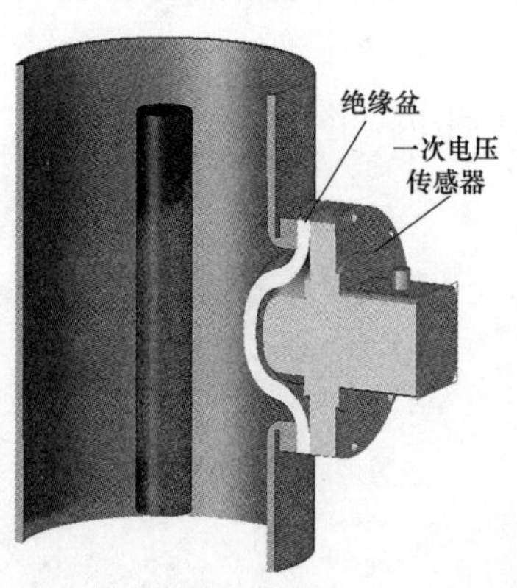

图6-6　光学互感器与GIS集成方案

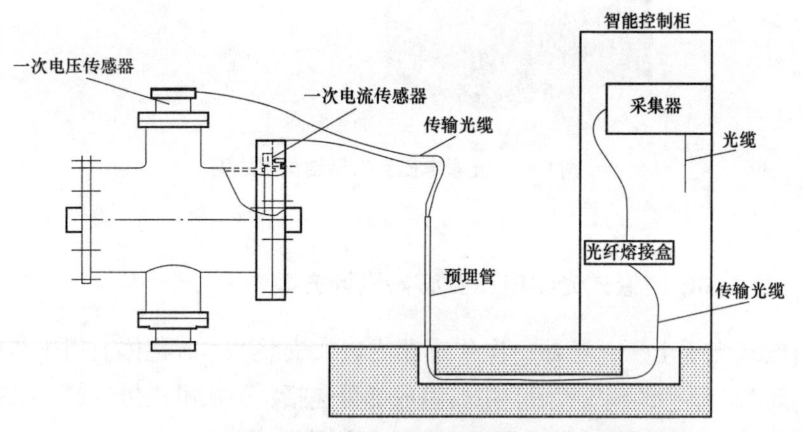

图6-7　内嵌式光学电子式电压互感器的典型结构示意图

6.1.3 支柱光学电压互感器设计方案

支柱式光学电压互感器适用于 AIS 敞开式变电站，自立式，高位布置，安装在支架上，用螺栓与支架固定，如图 6–8、图 6–9 所示。主要组成部分包括一次电压传感器、复合绝缘套管、电压采集器、电子式互感器电压电流就地模块等。

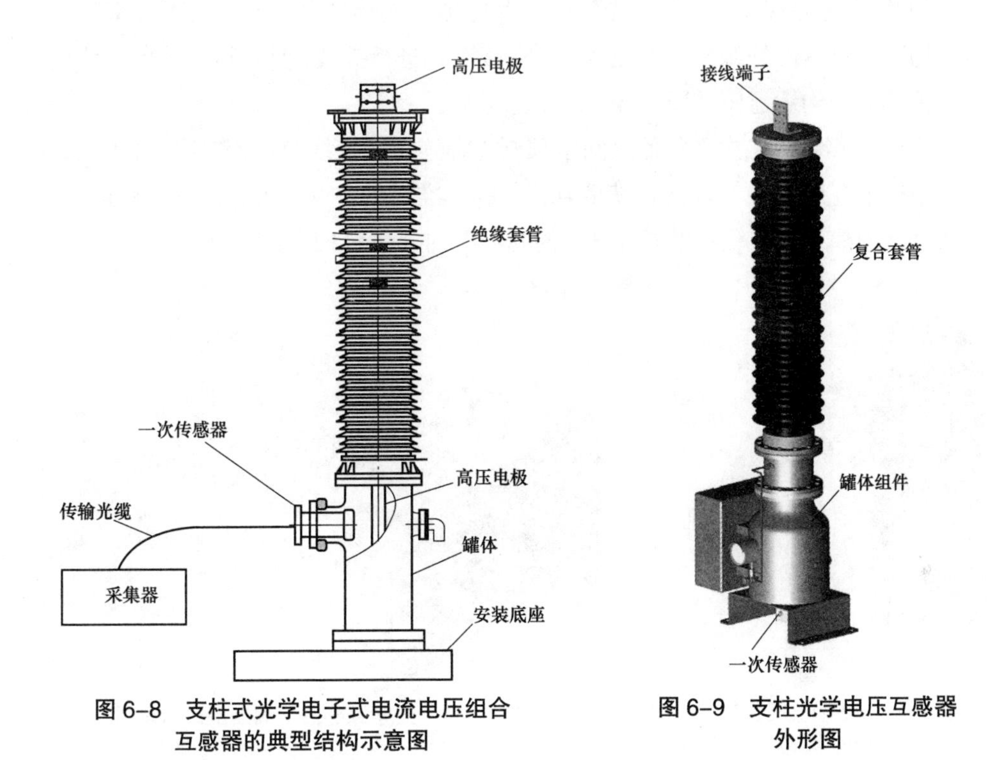

图 6–8 支柱式光学电子式电流电压组合互感器的典型结构示意图

图 6–9 支柱光学电压互感器外形图

高压电极通过绝缘套管引入罐体，绝缘套管和罐体内充绝缘气体，一次传感器嵌入式安装在复合绝缘套管底部地电位的罐体上用于传感被测电场；复合绝缘套管保证高、低压侧的绝缘，置于地面支架上；电压传输光缆将一次电压传感器的光信号传输至电压采集器，电压采集器对一次电压传感器的光信号进行数据处理并输出，电压采集器置于地面支架上的户外挂箱内或间隔汇控柜内；电子式互感器电压电流就地模块通过通信光缆接收采集器发送的电压信息并接入 HSR 环网，就地模块置于间隔汇控柜内。

6.2 光学电压互感器工程应用及运维特性分析

6.2.1 工程应用

光学电压互感器一次传感器与 GIS 集成安装方案中一次传感器与 GIS 内部气室之间装有盆式绝缘子，从而光学电压互感器一次传感器与 GIS 内部气室隔离，拆装均不影响内部绝缘气体的充放，可直接对其进行拆装，具备运维简单的特点，一次传感器结构示意图如图 6–10 所示。

一次传感器与二次采集器之间由预制光缆连接，接线简单，二次采集器部分均采用标准光纤接头，且具有满足兼容性的标准通信协议，可直接连接保护，也可通过就地模块连接保护测控系统，标准接口如图 6–11 所示。

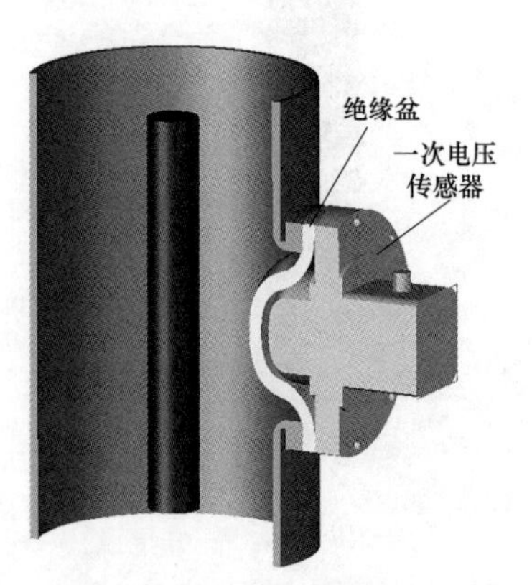

图 6–10　光学电压互感器一次传感器结构图

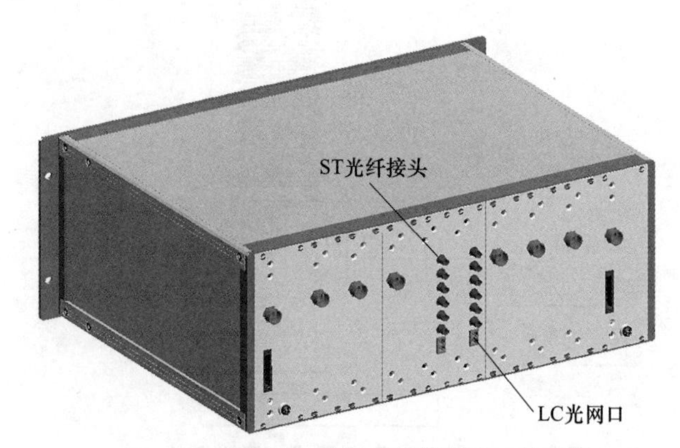

图 6–11　光学互感器采集器接口示意图

6.2.2 运行维护分析

（1）工程应用安全可靠，具体如下：

1）绝缘简单可靠。光学互感器基于光学传感技术，一次和二次之间采用光纤连接，一次测无源，降低了绝缘设计难度，且电压等级越高绝缘优势越明显。

2）安全特性好。光学互感器一次和二次之间没有能量传递，不存在类似传统互感器二次开路和短路问题，使用过程中不发热，不会导致火灾或爆炸。

3）体积小质量轻，便于安装。传统互感器尺寸比较大，不利于与高压一次设备集成设计。光学电压互感器一次传感器尺寸小，质量轻，安装方式灵活，可方便的实现高压一次设备的集成一体化设计。

（2）一次传感器高可靠，可实现免维护。

1）一次传感器构成。一次传感器一次传感器由铝合金本体、环氧上盖、玻璃管、石英毛细管、光学晶体、硅橡胶构成，如图 6–12 所示。

2）一次传感器用材料温度特性参数。一次传感器用结构件温度特性参数如表 6–1 所示。

图 6–12　一次传感器外形图

表 6–1　一次传感器用结构件温度特性参数

序号	结构名称	材料名称	长期工作最高温度（℃）
1	铝合金本体	铝（LY12）	529~541（固溶处理）
2	环氧上盖	环氧玻璃布板	260~316
3	玻璃管	石英	1100
4	石英毛细管		
5	保偏光纤	—	–50 ~ +85
6	硅橡胶	—	–50 ~ +150

由上可见，各结构厂家给出的材料参数如铝、石英、玻璃及环氧玻璃布板在温度为 200℃时，均能长期工作；硅橡胶在 90℃时，使用寿命为 40 年，足以满足 30 年的应用寿命要求。以下主要对保偏光纤在高温下的性能进行研究。

3）光纤寿命预计模型。光纤在制备过程中，内部和表面均存在一些缺陷，当光纤受到张力时，表面裂纹缺陷扩展，最终导致光纤断裂失效。在光纤总体强度及可靠性水平确定的情况下，光纤的寿命主要与光纤的使用应力相关，可用基于最薄弱环节的威布尔模型来描述。衡量光纤可靠性水平的参数主要是筛选应力水平、筛选断纤率、耐疲劳参数、威布尔分布参数。光纤的寿命预计模型为

$$t_s=t_p\left\{\left[1-\frac{\ln(1-F_s)}{N_p\mathrm{L}}\right]^{\frac{n-2}{m}}-1\right\}\left(\frac{\varepsilon_p}{\varepsilon_s}\right)^n \tag{6–2}$$

式中　t_s——光纤寿命；

t_p——光纤筛选时所受张力负荷时间；

F_s——光纤的可靠性设计失效率；

N_p——光纤在张力条件下筛选时的断纤率；

L——光纤长度；

n——耐疲劳参数；

m——光纤威布尔分布参数；

ε_p——张力筛选光纤应变水平；

ε_s——使用环境下光纤的应变水平。

根据光纤寿命预计模型可知，提高光纤使用寿命的根本是提高光纤张力筛选等级，增加光纤自身的抗疲劳参数，减小使用状态下的长期应力，包括采用低纵向张力使用和光纤弯曲半径不能太小。

在室温条件下，光纤长度为1km，平均弯曲直径为60mm，光纤包层直径为125μm，绕制张力为20g，筛选应变力为1%，t_p为0.2s，筛选断纤率为每10km断一次（N_p=0.1），n=20，m=3，F_s=10^{-4}（每10000km光纤断1次）。由弯曲引起的应变为0.21%，由张力产生的应变为0.023%，光纤承受的总应变为0.233%，则根据式（6–2）可知，光纤的在室温条件下寿命约为170年。

4）光纤强度与温度关系。高温可造成光纤老化，且与温度关系很大。老化后强度计算公式为

$$S_w = S_0 e^{-\alpha t^{1/2}} \tag{6-3}$$

式中 S_w——老化后强度；

S_0——初始强度；

t——老化天数；

α——老化参数。

老化后相对强度的模拟计算结果如图6–13所示，环境不理想时，温度分别取85、65、45℃，对应的α值分别为0.093（线1）、0.047（线2）、0.04（线3）。

假设是85℃环境下老化1年时间，光纤强度预计下降到初始值的20%。光纤寿命同比是室温环境下的1/5。也即是说，按照式（6–2）中预计的光纤寿命为170年，则在85℃下光纤的寿命为35年。

5）光纤随机失效率情况统计。在航天光纤陀螺及全光纤电流互感器研制平台，采样大量的光纤统计样本，统计时间从2007年1月1日~12月30日，共发生1次失效，为光纤环内部光纤断裂失效。按照产品的随机失效率计算公式为

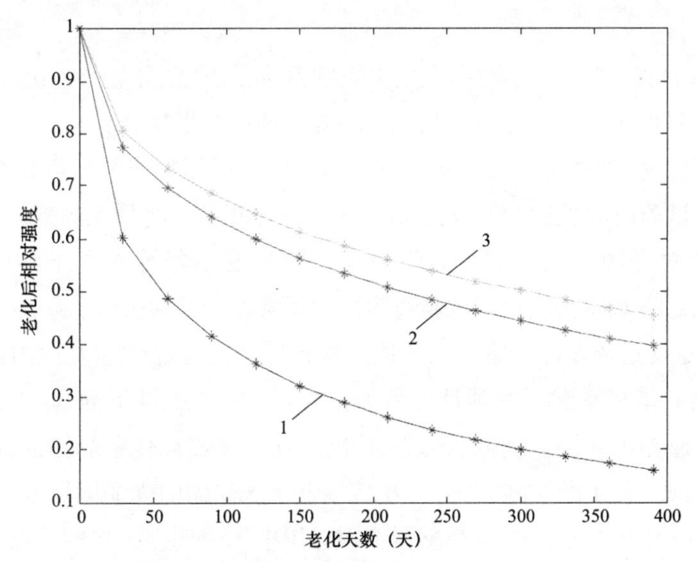

图 6–13 老化后相对强度的模拟计算结果

$$P=\left(10^{9} N\gamma\right) / t_{\text{tot}} \tag{6–4}$$

式中 P——随机失效率；

N——产品失效数；

t_{tot}——产品总的器件小时数；

γ——置信度系数。

其中，γ 值按下式计算

$$\gamma\,(60\%C.L.):\gamma=\frac{\text{CHIINV}(0.4,2\text{N}+2)}{2N} \tag{6–5}$$

$$\gamma\,(90\%C.L.):\gamma=\frac{\text{CHIINV}(0.1,2\text{N}+2)}{2N} \tag{6–6}$$

计算得到光纤环的随机失效率统计结果具体如表 6–2 所示。

表 6–2 光纤环的随机失效率统计结果

起始时间	结束时间	失效数（只）	器件总小时数（h）	失效率	
2007–1–1	2017–12–30	1	38286082	60%（γ=2.02）	52.8
				90%（γ=3.89）	101.6

失效率 1FITs 即是每小时内发生失效的概率是 10 亿分之一，由表 6–2 可知，光纤环失效率很低，可靠性高，与光纤环寿命预计结果吻合。

6）光纤温度加速度寿命试验情况。对一次传感器用光纤进行长期高温 85℃加速试验，试验时间长达 18000h。试验表明性能正常，光纤无失效。

此外还对光源、探测器、光学晶体、波分复用器等光电子器件进行长达 5000h 的高温 85℃加速试验，试验表明性能正常，光纤无失效。

7）裕度及冗余设计方案。高压侧一次传感器的可靠性主要由内部传感晶体决定，传感晶体在室温下的预计寿命为 170 年，85℃条件下为 38 年，为进一步提高一次传感器可靠性，工程实施过程中将一次传感器内传感晶体进行冗余设计，采用 2 备 1 或 1 备 1 的实施方案，一次传感器至采集器的光缆同样采用冗余设计。自 2010~2017 年近 7 年的光学互感器工程应用中无一例因一次传感器故障所导致的一次设备“开罐”和“解体”情况发生，实践证明了高压一次一次传感器的高可靠性，实现了一次传感器的免维护。

光路冗余配置方案如表 6–3 所示。

表 6–3　　　　光路冗余配置方案

序号	配置方案	一次传感器个数（个）	所用光路个数（个）	实际配置光路数（个）	铺设光纤数（根）	备注
1	单套配置	1	1	2	4	
2	双套配置	2	2	4	7	
3	四套配置	3	4	6	9	

8）运行结果。光学电压互感器应用现场经历了不同纬度高温、低温长期稳定可靠性验证，证明了产品的温度可靠性。光学电压互感器一次传感器在高温 85℃条件下，可靠水平高，足以满足 35 年的应用寿命要求，再通过冗余设计的方案可实现一次传感器免维护。

6.2.3　应用实施方案

光学电压互感器现场调试、试验及运维实施方案如下：

（1）现场准确度试验方案。按图 6–14 接好试验设备，进行光学电压互感器准确度测试。调节调压器，将一次电压依次升至额定电压的 2%、5%、80%、100%、120%、150%，进行互感器准确度试验并记录测试通道的比差和角差数据。

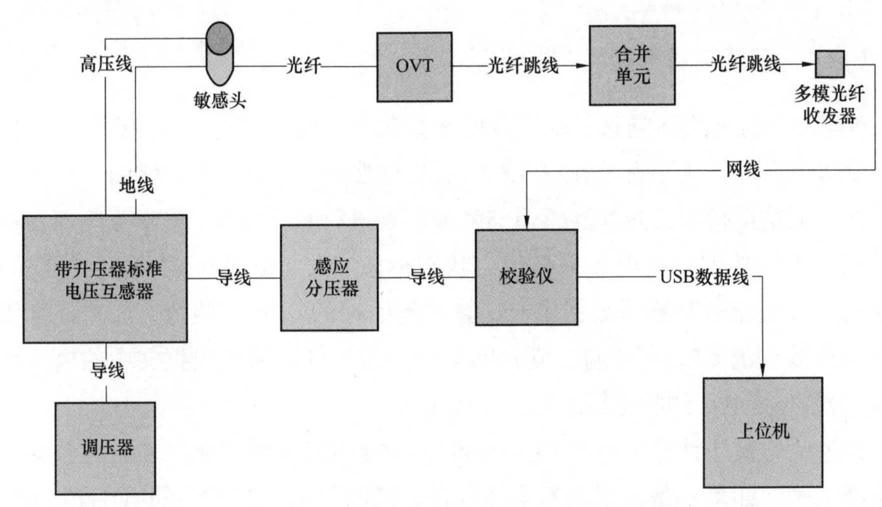

图 6-14　电压互感器现场测试接线示意图

（2）依据状态信息进行运维。运行中的光学电压互感器能通过输出数据的自诊断功能对自身运行状态进行循环监测，一旦互感器本身出现故障则会立即告警，提醒运维人员进行设备检修。

光学电压互感器通过内部故障预警参量进行故障识别，如光路故障、电路故障、通信故障等，并将故障模式信息发送就地模块，方便运行监测及故障处理。

故障诊断信息通过光学电压互感器通信协议中的状态字来输出。现场技术人员可以根据输出状态字信息，对故障状态进行分析、评估确认故障类型。

另外，光学电压互感器状态信息通过采集器状态指示灯直观的反应在采集器面板上，运维人员也可通过指示灯状态信息对光学互感器运行状态及故障状态进行定位，便于运维。光学互感器采集器状态指示灯如图 6-15 所示。

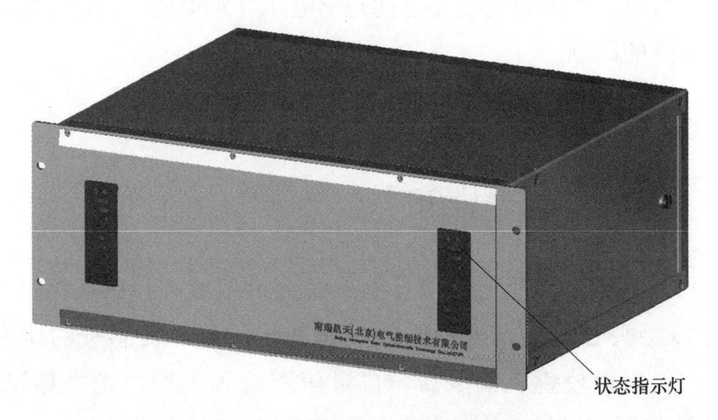

图 6-15　光学互感器采集器状态指示灯

6.2.4 智能自诊断避免保护误动

光学电压互感器可通过诊断设备的运行状况，提前发现产品隐患，并将报警信息发送至后台，从而确保故障报警申请及时维修，避免引起误跳闸。

在变电站运行中，光学互感器与就地模块进行数据交互，光学互感器发送采样数据（采样数据包括电压采样值、状态标志字与 CRC 校验值）到就地模块。就地模块收到光学互感器数据后，计算收到数据的 CRC 校验值，如果计算所得 CRC 与接收到的 CRC 不相符，则判断采样异常，同时将输出报文中的电压数据位置“0”并将电压的状态标志置为无效（置“1”）。

如果就地模块计算所得的 CRC 与接收到的 CRC 一致，则判断收到数据的帧头是否正确。如果不是，则判断采样异常，同时将输出报文中的电压置“0”并将电压的状态标志置为无效（置“1”）。

如果就地模块收到数据的帧头正确，则判断收到光学互感器数据的状态字。如果状态字中的“请求维修”置位（为“1”），则判断采样异常，同时将输出报文中电压数据置“0”并将电压数据的状态标志置为无效（置“1”）。

如果光学互感器数据状态字的“请求维修”没有置位，则将收到的数据当作正常数据发送给后端的保护设备。一旦就地模块判断光学互感器状态标志置为无效(置“1”),则在 IEC61850-9-2 SMV 报文中输出数据无效标志,避免保护误动作。

6.3 光学电压互感器工程应用中的问题及相应对策

根据近十年国内外各厂家光学互感器现场运行情况分析可知，影响光学电压互感器整体运行可靠性的问题主要包括光学电压互感器的长期稳定性问题、振动、温度及工程实施的问题。

6.3.1 振动问题及解决措施

对于光学电压互感器，振动会影响其测量精度，需要在组合应用设计中优化设计结构，选用合适光学材料并采取防震措施。

光学电压互感器的传感光路由传感头和光纤组成，传感头与高压罐体刚性连接，因此传感头容易受到大量级的机械冲击影响。传感头的所有光学元件（BGO 晶体、三角形棱镜、偏振器、自聚焦透镜等）均由光学黏胶胶合而成，选取的光学黏胶具有黏结力大、机械强度高、耐高低温性能好、化学稳定性强等特点。光学传感头粘接完成后，进行了 200G（200m/s^2）的机械冲击试验，机械冲击下，本身的通光性能不受任何影响，振动对光纤的影响主要是影响光纤中传输的光偏振态的演化，引起正交光路的光功率波动。其中，光源闭环反馈控制回路中的 Lyot 消偏器消除了光路偏振态受光纤振动等因素引起的光功率波动，可降低振动对光纤的影响。

光学电压互感器二次采集单元内由光源、光电探测器、解调电路板等关键部件组成。光源、光电探测器和解调电路板工作原理上不受振动、冲击的影响；采集器输出光缆传输的量为光数字信号，不受振动、冲击的影响。为避免采集器在振动和冲击作用下的机械损伤，可采取在采集器底座安装减振垫的措施，如图 6-16 所示。

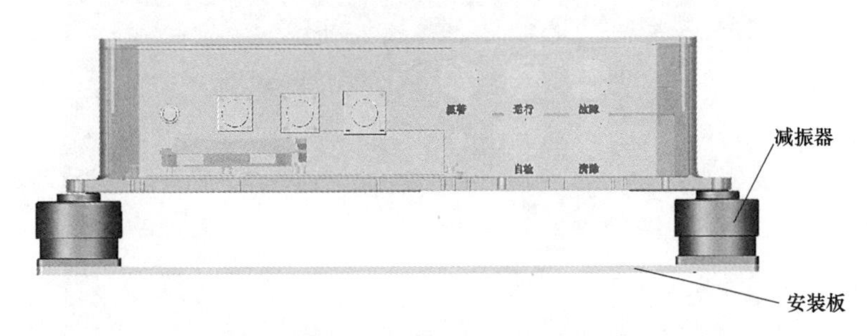

图 6-16　采集器减振方案

1. 传感头随机振动特性研究

光学电压互感器按照 GB/T 2423.11—1997《电工电子产品环境试验　第 2 部分：实验方法　试验 Fd：宽频带随机振动—— 一般要求》进行随机振动特性研究。测试振动过程中准确度的变化。试验过程中，采用测试工装对一次传感器施加电压，传感器在振动台上的固定方式如图 6-17 所示。

图 6-17　传感器随机振动试验

随机振动试验准确度测试方案如图 6-18 所示。

随机振动前，给传感器施加试验电压 2.5/$\sqrt{3}$ kV，进行准确度测试，校验波形如图 6-19 所示。

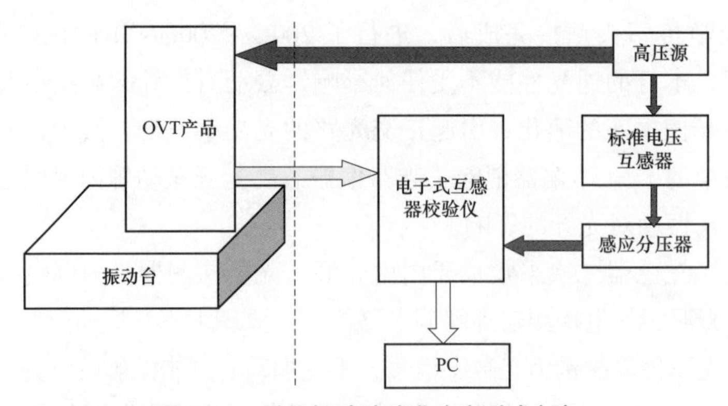

图 6-18　随机振动试验准确度测试方案

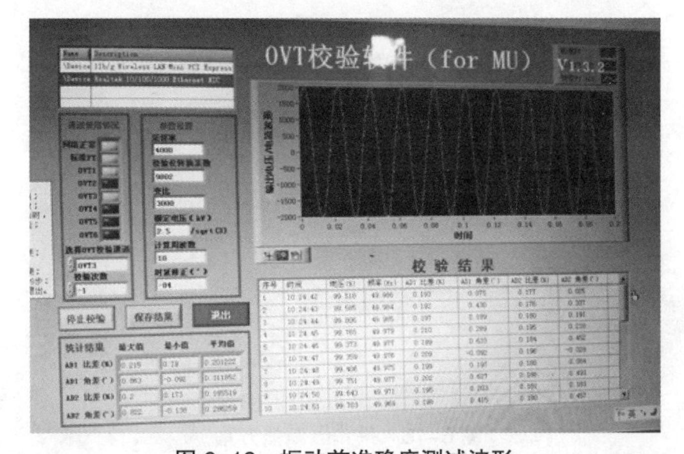

图 6-19　振动前准确度测试波形

按随机振动试验条件保持一致，总振动时间为 10min。振动台实际振动功率谱如图 6-20 所示。

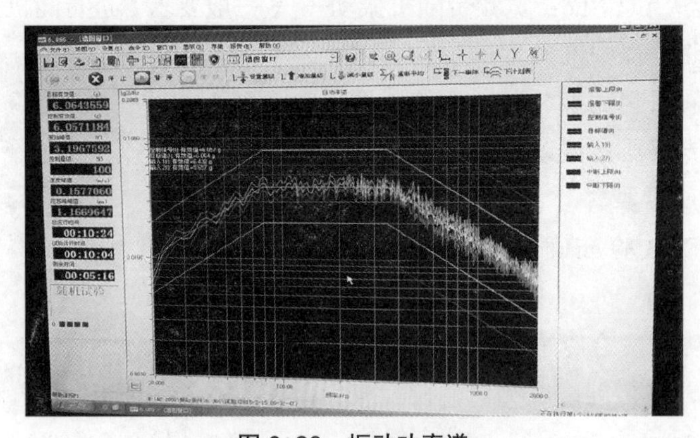

图 6-20　振动功率谱

振动过程中，校验并记录整机输出精度的变化，准确度测试波形如图 6–21 所示。

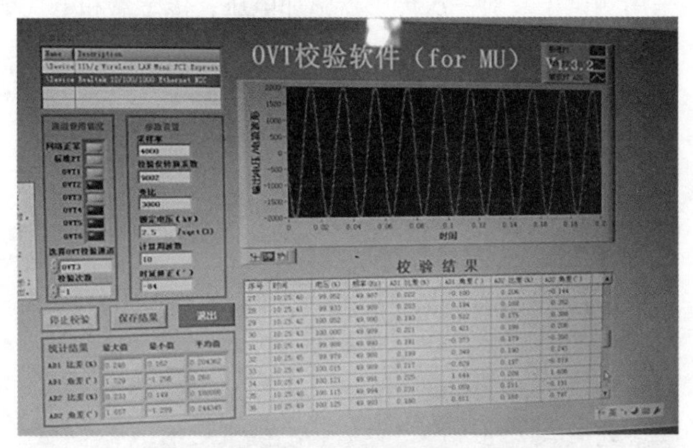

图 6–21　振动中准确度测试波形

振动结束后的噪声波形如图 6–22 所示，噪声波形正常。

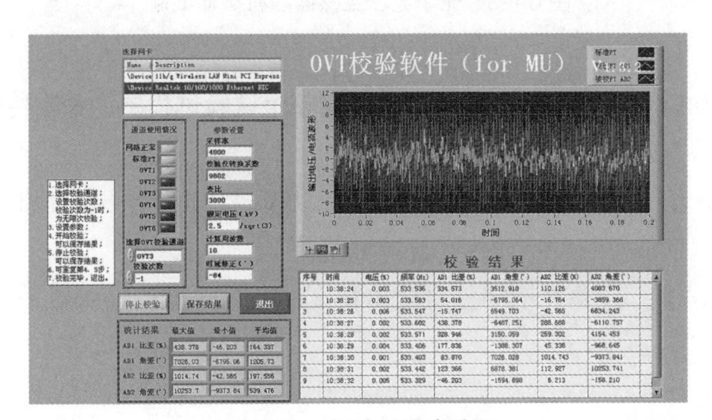

图 6–22　振动后噪声波形

一次传感器随机振动试验测试结果如表 6–4 所示。

表 6–4　传感器随机振动试验测试结果

阶段	AD1比差均值（%）	AD1角差均值（′）	AD2比差均值（%）	AD2角差均值（′）
振动前	0.21	0.1	0.19	0.1
振动中	0.18	0.3	0.16	0.3
振动后	0.19	0.2	0.17	0.2

注　对比振动前后及振动中双 AD 通道比差角差精度的变化情况，其中，比差的变化为：0.03%，角差的变化为：0.2′。

2. 整机随机振动特性研究

对光学电压互感器整机进行随机振动试验，测试振动过程中准确度的变化。试验过程中，采用测试工装对一次传感器施加电压，传感器和电气单元固定在振动台上，如图 6-23 所示。

图 6-23　光学电压互感器随机振动试验

随机振动试验条件与标准保持一致。在整个试验过程中，一次传感器部分通过试验工装一直施加试验电压（<10kV）。

振动前，给一次传感器施加试验电压 2.5/kV，对光学电压互感器进行准确度测试并记录振动前整机的准确度（比差和角差）。

振动过程中，校验并记录整机输出精度的变化，准确度测试波形如图 6-24 所示。

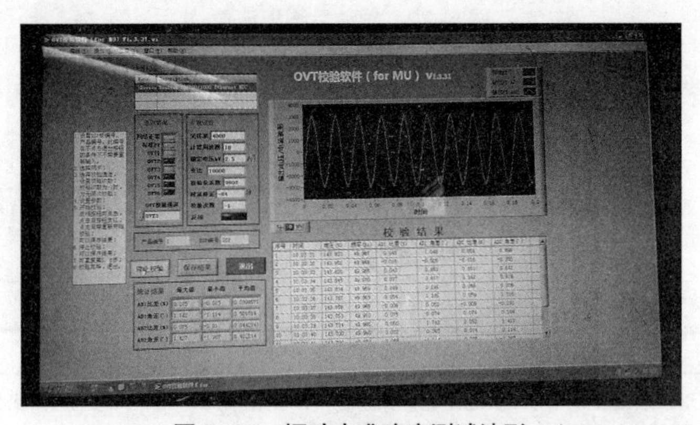

图 6-24　振动中准确度测试波形

振动结束后，对光学电压互感器进行准确度测试并记录振动后整机的准确度（比差和角差）。

光学电压互感器整机随机振动测试结果如表 6–5 所示。

表 6–5　整机随机振动测试结果

阶段	AD1比差均值（%）	AD1角差均值（′）	AD2比差均值（%）	AD2角差均值（′）
振动前	0.0477	0.37	0.05	0.29
振动中	0.009	–0.32	0.02	–0.39
振动后	0.019	–0.013	0.019	–0.138

注　对比振动前后及振动中双 AD 通道比差角差精度的变化情况，其中，比差变化量小于 0.04%，角差变化量小于 0.6′。满足计量、保护的应用要求。

6.3.2　温度问题及解决措施

1. 光学器件温度特性研究

（1）全反射棱镜温度特性研究。确保光学电压互感器电压测量的精度和线性度，在光路设计中引入了 1/4 波片，使两线偏光间增加一个固定的 π/2 相移，将工作点移到了曲线的中部。如图 6–25 所示的结构中，以两个 90° 全反射棱镜构成的 $\lambda/4$ 反射延迟器取代了普通的 $\lambda/4$ 片，这样，不仅使互感器的结构更紧凑，便于安装固定，而且两个 90° 全反射棱镜构成的 $\lambda/4$ 反射延迟器与传统的 $\lambda/4$ 波片相比，可以大大改善互感器的温度特性。

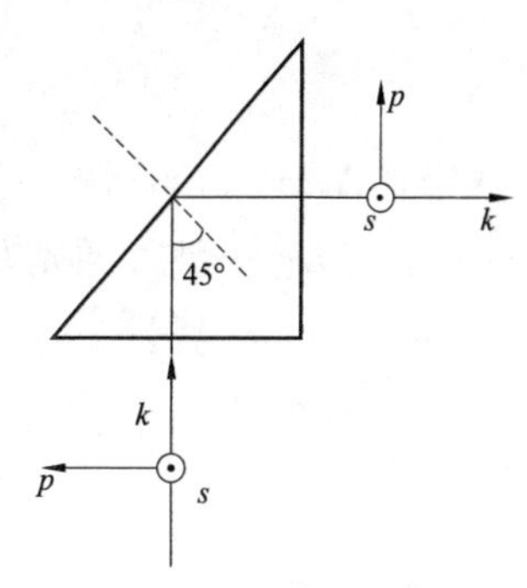

图 6–25　全反射棱镜

图 6–25 所示为入射全反射棱镜的光线偏振状态的变化图，图中 k 为光线的方向。入射光线在其斜面处产生全反射，可以证明，如果入射光是电矢量振动方向（p 方向）平行于入射面的线偏振光，则反射光也是电矢量振动方向平行于入射面的线偏振光，对于垂直于入射面的线偏振光（s 方向），其反射光的电矢量振动方向也是垂直于入射面的线偏振光。即反射的本征偏振态是与入射面平行和垂直的线振动。当入射单色波的偏振方向与入射面成 45° 角（即在 p、s 平面上且与 p 方向的夹角为 45° ）时，由于两个本征偏振波通过全反射棱镜时产生的相位延迟不同，其合成结果使输出光为一椭圆偏振光。因此，全反射棱镜构成了一个相位延迟器，光线通过全反射棱镜内所产生的相位延迟为

$$\phi_{\text{prism}}=2\arctan\sqrt{1-(2/n^2)} \tag{6-7}$$

式中　n——棱镜的折射率。

全反射棱镜几乎是消色差的，因为棱镜内的相位延迟不依赖于波长。将式（6–7）对波长 λ 求偏导，可得到相位延迟的变化为

$$\Delta\phi_{\text{prism}}=\frac{\mathrm{d}\phi_{\text{prism}}}{\mathrm{d}n}\times\frac{\mathrm{d}n}{\mathrm{d}\lambda}\Delta\lambda=\frac{4}{(n^2-1)\sqrt{n^2-2}}\times\frac{\mathrm{d}n}{\mathrm{d}\lambda}\Delta\lambda \tag{6-8}$$

对于由 BK–10 玻璃构成的全反射棱镜，有 n=1.56023，$\frac{\mathrm{d}n}{\mathrm{d}\lambda}=1.6632\times10^{-5}$ nm，代入式（6–8）得

$$\Delta\phi_{\text{prism}}=7.047\times10^{-5}\times\Delta\lambda \tag{6-9}$$

当波长变化 $\Delta\lambda$=80nm 时，有 ϕ_{prism}=0.3° 。

而对于 λ/4 波片，光束通过后产生的相位延迟为

$$\phi_{\text{plate}}=\frac{2\pi\Delta nL}{\lambda} \tag{6-10}$$

式中　Δn——波片快、慢轴之间的折射率差；

L——波片通光方向的厚度；

λ——波长。

其相差 ϕ_{plate} 的变化与波长的关系为

$$\frac{1}{\phi_{\text{plate}}}\times\frac{\mathrm{d}\phi_{\text{plate}}}{\mathrm{d}\lambda}=\frac{1}{\Delta n}\times\frac{\mathrm{d}(\Delta n)}{\mathrm{d}\lambda}-\frac{1}{\lambda} \tag{6-11}$$

则有

$$\Delta\phi_{\text{plate}}=\phi_{\text{plate}}\left(\frac{1}{\Delta \mathrm{n}}\times\frac{\mathrm{d}(\Delta n)}{\mathrm{d}\lambda}-\frac{1}{\lambda}\right)\Delta\lambda \tag{6-12}$$

对于石英 λ/4 波片，当通光波长为 850nm 时，有$\frac{1}{\Delta n}\times\frac{\mathrm{d}(\Delta n)}{\mathrm{d}\lambda}=-7.1\times10^{-5}$nm，则当波长变化 1% 即 8.5nm 时，可求得 $\Delta\phi_{\text{plate}}$=0.9543° 。

另外，全反射棱镜的温度稳定性亦优于 λ/4 波片，对温度 T 求偏导，可得到相位延迟的变化为

$$\Delta\phi_{\text{prism}}=\frac{\mathrm{d}\phi_{\text{prism}}}{\mathrm{d}n}\times\frac{\mathrm{d}n}{\mathrm{d}T}\ \Delta T=\frac{4}{(n^2-1)\sqrt{n^2-2}}\times\frac{\mathrm{d}n}{\mathrm{d}T}\Delta T \tag{6-13}$$

同样，对由 BK-10 玻璃构成的全反射棱镜，其温度常数为 2.6×10^{-6}℃，则可求得由温度变化 100℃引起的相移变化仅为 0.05° 。

而对于 $\lambda/4$ 波片，当温度变化时，波片通光方向的厚度由于热胀冷缩发生变化，双折射亦随温度变化，并有

$$\frac{1}{\phi_{plate}}\times\frac{d\phi_{plate}}{d\lambda}=\frac{1}{h}\times\frac{dh}{dT}+\frac{1}{\Delta n}\times\frac{d(\Delta n)}{dT} \quad (6-14)$$

式中 h——波片通光方向的厚度；

dh——波片温度变化 dT 时厚度 h 的变化量，定义 $\frac{dh}{h}=\alpha$，α 称为线膨胀系数。

则当温度变化 ΔT 时，$\lambda/4$ 波片的相位延迟变化为

$$\Delta\phi_{plate}=\phi_{plate}\ (\alpha\,\Delta T+\frac{1}{\Delta n}\times\frac{d(\Delta n)}{dT})\ \Delta T \quad (6-15)$$

对于石英波片，有

$$\alpha\,\Delta T+\frac{1}{\Delta n}\times\frac{d(\Delta n)}{dT}=-1.4\times10^{-4}\ (℃) \quad (6-16)$$

因此，可求得当温度变化 100℃时，对于 $\lambda/4$ 波片，相移变化为 1.26° 。

由上述分析可见，由全反射棱镜构成的相位延迟器的温度性能大大优于传统的 $\lambda/4$ 波片，这对改善光学电压互感器温度特性起到了重要的作用。

（2）BGO 晶体温度特性研究。温度的变化一方面通过热光效应引起晶体的光学性质发生变化，另一方面由于晶体的热胀冷缩会在晶体内产生热应力，而热应力会通过弹光效应对晶体的光学性质产生影响。

当温度变化时，晶体的折射率 n 发生变化的现象称为热光效应。设温度的变化用 $\Delta\theta$ 表示，用 Pockels 表述方法，则有

$$\Delta\beta=b\Delta\theta \quad (6-17)$$

式中 b——热光系数。

由于温度是标量，因此 b 是和 $\Delta\beta$ 相同阶的同类张量。对于传感晶体，设坐标轴为折射率椭球的主轴，则其热光系数矩阵为

$$\boldsymbol{b}_{ij}=\begin{bmatrix} b_{11} & 0 & 0 \\ 0 & b_{11} & 0 \\ 0 & 0 & b_{11} \end{bmatrix} \quad (6-18)$$

将$\left[b_{ij}\right]$代入式（6–17）得

$$\Delta\boldsymbol{\beta}=\begin{bmatrix}b_{11}&0&0\\0&b_{11}&0\\0&0&b_{11}\end{bmatrix}\cdot\Delta\theta \tag{6-19}$$

利用类似电光效应的分析方法，可求得新的折射率椭圆方程为

$$(\frac{1}{n_0^2}+b_{11}\Delta\theta)x_1^2+(\frac{1}{n_0^2}+b_{11}\Delta\theta)x_2^2+(\frac{1}{n_0^2}+b_{11}\Delta\theta)x_3^2=1 \tag{6-20}$$

由此求得晶体的各主折射率为

$$n_1^{'}=n_2^{'}=n_3^{'}=n_0-\frac{1}{2}n_0{}^3b_{11}\Delta\theta \tag{6-21}$$

由式（6–21）可知，温度变化引起的热光效应使晶体的各主折射率的数值发生了变化，且发生的变化量相等，但未改变主轴的方向。

2. 光路温度特性研究

光学电压互感器光路系统采用双极对称光路，如图 6–26 所示，双极对称光路的原理是入射光经过起偏器后，形成单色偏振光，入射到 BGO 晶体的单色光被分解成初相相同、偏振方向相互垂直的两光束。在外加电场的作用下，两光束在晶体中的传播速度不同，从晶体出射时产生相位差。

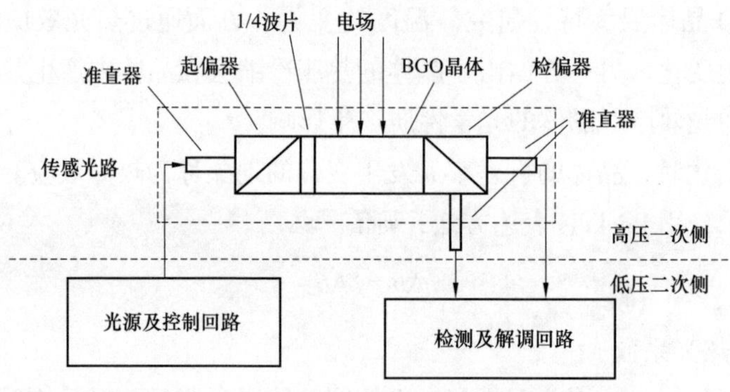

图 6–26　光学电压互感器双极对称光路示意图

对双极光路的检测与控制从光的产生与探测两个方面入手，降低环境温度对光学电压互感器的影响。

首先，采取光源闭环反馈控制单元进行光源功率的控制，使 SLD 光源输出功率不受环境温度变化的影响，有效地抑制了 SLD 光源中心波长的温度漂移。

其次，采用双光路探测与调制解调技术，检测及解调回路通过两个光电探测器对双极光路进行光电转换，将两路出射光转变为电信号并传输给信号解调电路，对信号处理单元中两个探测器输出的双光路信号中的交流量和直流量采用软件的方法来获取，温度对双光路的影响效应相同，在算法中相互抵消。

光学电压互感器采用双极对称光路设计，有效改善了系统的温度特性。

3. 温度补偿技术研究

由于完全对称的光路技术方案并不存在而且也不存在理想状态下的光学器件，因此，需研究整机的温度误差模型以及补偿算法。

光学电压互感器的输出可表示为

$$V(T,U)=K(t)f(v) \tag{6-22}$$

$$K(t)=\frac{1}{1+\varepsilon(t)} \tag{6-23}$$

式中 T——环境温度；

U——一次电压值；

$K(t)$——温度系数；

$\varepsilon(t)$——光学电压互感器不同温度下比差测试结果。

由式（6–22）和式（6–23）可知：通过测试不同温度下光学电压互感器的比差数据，便可解算出该互感器的温度系数，从而建立该互感器的温度模型，然后通过软件的方法，实现对光学电压互感器的温度补偿。同理，该方法也适用于角差数据的温度补偿。

光学电压互感器温度建模试验条件如下：

1）温度范围：–40~70℃；

2）温变率：20K/h。

温度建模试验过程中，每 10min 记录一次互感器的准确度和温度数据，试验完成后，用最小二乘法将测试数据拟合成光学电压互感器的温度模型。并将温度模型写入光学电压互感器电气单元软件，实现对互感器的温度补偿。

补偿前，在 –40~70℃的温度范围内，在额定电压 100% 的条件下，光学电压互感器的准确度试验结果如图 6–27 所示。

图 6–27 表明：温度补偿前，光学电压互感器在 –40~70℃的温度范围内，其准确度测试结果只能满足 GB/T 20840.7 标准中 0.5 级的要求。

温度补偿后，光学电压互感器在 –40~70℃的温度范围内，在额定电压 100%

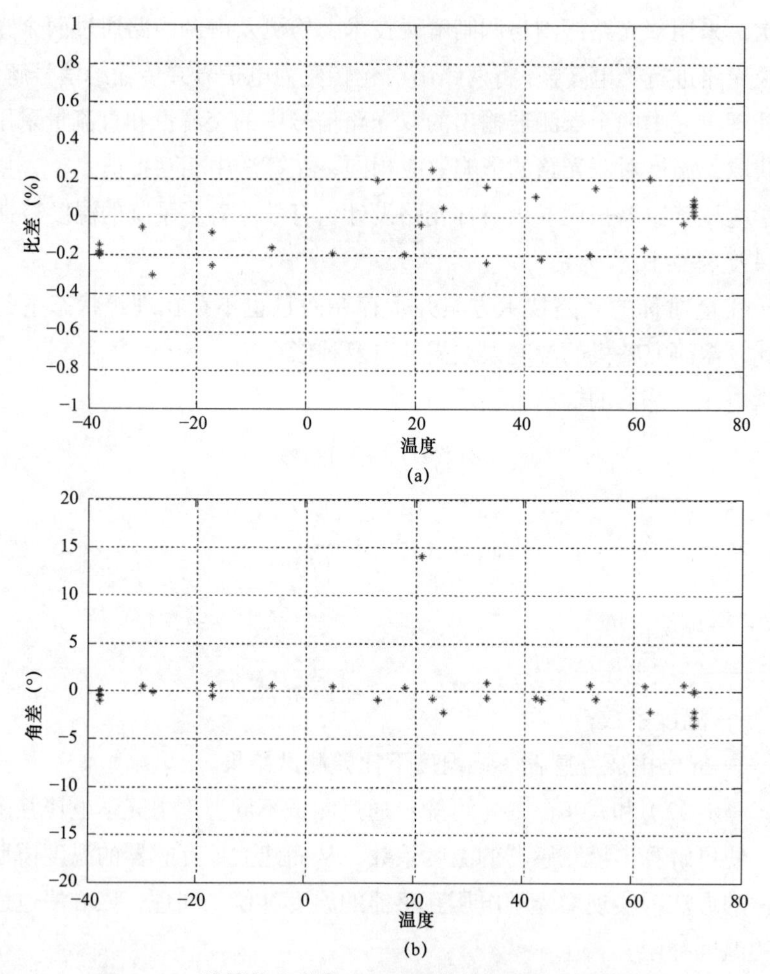

图 6–27　补偿前光学电压互感器高低温准确度测试结果

的条件下，分别以 5、10、20、30K/h 的温度变化速率进行温度循环试验。温度循环过程中按照 GB/T 20840.7 标准要求进行互感器准确度测试，试验结果如图 6–28 所示。

按照 GB/T 20840.7 标准要求，准确级 0.2 条件下的光学电压互感器比值误差（简称比差）和相位误差（简称角差）限值如表 6–6 所示。

表 6–6　　　　准确级 0.2 的比值误差和相位误差

额定电压（%）	比差（±1%）	角差（±′）
100%	0.2	10

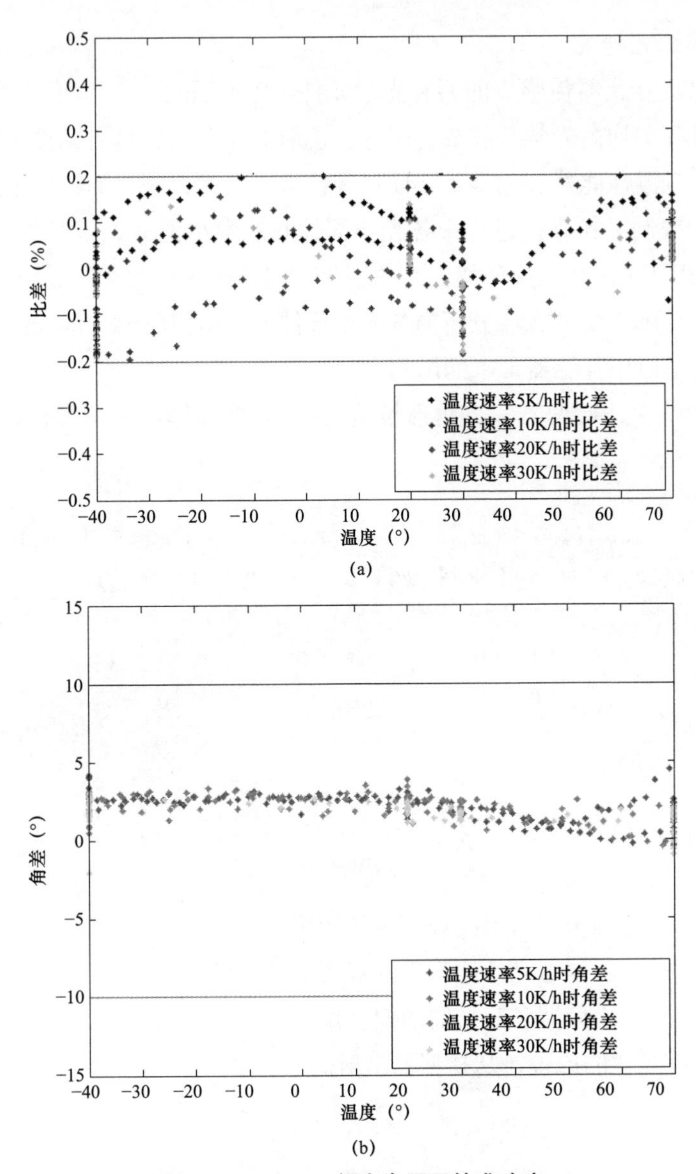

图 6-28　100% 额定电压下的准确度

(a) 100% 额定电压条件下，不同温变速率时，OVT 产品比差；
(b) 100% 额定电压条件下，不同温变速率时，OVT 产品比差

图 6-28 的测试结果表明：温度补偿后，在不同温度变化速率条件下，光学电压互感器的比差和角差均满足准确级 0.2 要求。

因此，光学电压互感器采用温度补偿技术之后，在 −40~70℃温度范围内，准确度性能指标有了明显改善。

4. 光学工艺研究

光学电压互感器传感头的所有光学元件（BGO 晶体、三角形棱镜、偏振器、自聚焦透镜等）均由光学黏胶胶合而成，选取的光学黏胶具有黏接力大、机械强度高、耐高低温性能好、化学稳定性强等特点。然而，一方面，由于光学仪器及光学工具的限制，在黏接过程中各光学部件间的微小位移无法避免；另一方面，光学黏胶的固化时间较长，环境温度的变化引起的热胀冷缩将导致额外的微位移。

下面用矩阵光学的方法分析当各光学部件产生微位移时，即光路上存在偏差角时，对光学电压互感器带来的影响。

光路系统中，检偏器、三角形棱镜 R2、BGO 晶体、三角形棱镜 R1 的光学矩阵分别为

$$\boldsymbol{J}_{\mathrm{p}}=\begin{bmatrix}\cos^2(\pm\pi/4+\psi_1) & \cos(\pm\pi/4+\psi_1)\sin(\pm\pi/4+\psi_1)\\ \cos(\pm\pi/4+\psi_1)\sin(\pm\pi/4+\psi_1) & \sin^2(\pm\pi/4+\psi_1)\end{bmatrix} \tag{6-24}$$

$$\boldsymbol{J}_{\mathrm{R2}}=\begin{bmatrix}1 & 0\\ 0 & \mathrm{e}^{-i\varphi_2}\end{bmatrix},\ \boldsymbol{J}_{\mathrm{C}}=\begin{bmatrix}1 & 0\\ 0 & \mathrm{e}^{-i\varphi}\end{bmatrix},\ \boldsymbol{J}_{\mathrm{R1}}=\begin{bmatrix}1 & 0\\ 0 & \mathrm{e}^{-i\varphi_1}\end{bmatrix} \tag{6-25}$$

从起偏器出射的光矢量为

$$\vec{\boldsymbol{E}}_{\mathrm{i}}=\begin{bmatrix}\boldsymbol{E}_{\mathrm{i}}\cos(\pi/4+\psi_2)\\ \boldsymbol{E}_{\mathrm{i}}\sin(\pi/4+\psi_2)\end{bmatrix} \tag{6-26}$$

式中 φ_1、φ_2——两个三角形棱镜产生的相位延迟；

φ——晶体电光效应产生的双折射相位延迟；

ψ_1、ψ_2——检偏器和起偏器的偏差角。

根据矩阵光学的原理，从检偏器出射的光矢量为

$$\vec{\boldsymbol{E}}_{\mathrm{o}}=\boldsymbol{J}_{\mathrm{P}}\boldsymbol{J}_{\mathrm{R2}}\boldsymbol{J}_{\mathrm{C}}\boldsymbol{J}_{\mathrm{R1}}\vec{\boldsymbol{E}}_{\mathrm{i}} \tag{6-27}$$

由该光矢量确定的光强大小则为

$$I_0=\vec{E}_0^*\vec{E}_0=\frac{I_{\mathrm{i}}}{2}[1\mp\sin2\psi_1\sin2\psi_2\mp\cos(\varphi+\varphi_1+\varphi_2)\cos2\psi_1\cos2\psi_2] \tag{6-28}$$

式中 “+”——起偏器的偏振轴与检偏器的偏振轴垂直时的输出光强；

“−”——起偏器的偏振轴与检偏器的偏振轴平行时的输出光强；

φ——晶体内电光效应产生的相位延迟（不考虑干扰双折射的影响）。

在理想情况下，有 $\varphi_1+\varphi_2=90°$ ，因此，I_0 可写为

$$I_0 = \frac{I_i}{2}[1 \mp \sin 2\psi_1 \sin 2\psi_2 \mp \sin\varphi \cos 2\psi_1 \cos 2\psi_2] \tag{6-29}$$

当 $\varphi \ll 1$ 时，从检偏器出射的两路光的光强表达式为

$$I_1 = \frac{I_i}{2}[1 - \sin 2\psi_1 \sin 2\psi_2 - \sin\varphi \cos 2\psi_1 \cos 2\psi_2] \tag{6-30}$$

$$I_2 = \frac{I_i}{2}[1 + \sin 2\psi_1 \sin 2\psi_2 + \sin\varphi \cos 2\psi_1 \cos 2\psi_2] \tag{6-31}$$

式中 I_i——入射光经起偏器后的光强。

利用双光路处理方法，将两路输出光经光电转换后并将交、直流分量分离，可得到

$$V_{ac1} = \frac{I_i}{2}\delta \cos 2\psi_1 \cos 2\psi_2 \tag{6-32}$$

$$V_{ac2} = \frac{I_i}{2}\delta \cos 2\psi_1 \cos 2\psi_2 \tag{6-33}$$

$$V_{dc1} = \frac{I_i}{2}[1 - \sin 2\psi_1 \sin 2\psi_2 - \sin\varphi \cos 2\psi_1 \cos 2\psi_2] \tag{6-34}$$

$$V_{dc2} = \frac{I_i}{2}[1 + \sin 2\psi_1 \sin 2\psi_2 + \sin\varphi \cos 2\psi_1 \cos 2\psi_2] \tag{6-35}$$

当 ψ_1、ψ_2 较小时，即有 $\sin 2\psi_1 \sin 2\psi_2 \ll 1$ 时，有

$$\begin{aligned} S &= \frac{1}{2}\left(\frac{V_{ac1}}{V_{dc1}} + \frac{V_{ac2}}{V_{dc2}}\right) = \frac{1}{2}\left(\frac{\sin\varphi \cos 2\psi_1 \cos 2\psi_2}{1 + \sin 2\psi_1 \sin 2\psi_2} + \frac{\sin\varphi \cos 2\psi_1 \cos 2\psi_2}{1 - \sin 2\psi_1 \sin 2\psi_2}\right) \\ &\approx \sin\varphi \cos 2\psi_1 \cos 2\psi_2 \end{aligned} \tag{6-36}$$

可见，当 ψ_1、ψ_2 较小时，起偏器、检偏器偏差角的存在降低了系统的输出灵敏度。但若 ψ_1、ψ_2 超出了一定范围而使 $\sin 2\psi_1 \sin 2\psi_2 \ll 1$ 的条件不满足时，式中的约等号不再成立，使测量结果产生较大误差。

因此，为减少在黏接过程中光学黏胶的固化时间较长，环境温度的变化引起的热胀冷缩导致的额外的微位移，传感头的黏接工艺必须在恒温的环境中进行。为方便人员操作，将传感头黏接工艺全过程的环境温度设定为（25 ± 1）℃。

6.3.3 长期可靠稳定性问题及解决措施

光学互感器长期可靠稳定性的提升是一个全方位系统性的工程，包括了从设

计方案、元器件选用、制备工艺、产品试验到工程实施影响到产品的环境适应性和长期稳定性的各个环节，具体包含了产品的可靠性及稳定性设计、元器件的选用条件及筛选试验控制、部组件的生产工艺控制、工程实施方案设计等。

（1）标准化工程实施方案。早期产品的可靠性受工程实施影响较大，出现过较多熔点故障、连接光缆折断、光纤弯曲半径太小增大光路损耗降低产品可靠性的问题，其中影响产品可靠性的主要因素为光纤防护的可靠性以及现场熔点熔接与防护的可靠性，针对以上问题提出并形成标准化工程实施方案如下：

1）光纤防护方案。工程用光纤均采用内含加强铠的户外专用铠装光缆，在此基础上并用金属波纹管对铠装光缆进一步防护，采用防水型波纹管接头，此接头可对铠装光缆进行锁紧及密闭防护，防护等级达到 IP68，连接如图 6-29 所示。

图 6-29 熔接盒出纤防水接头

2）光纤熔接方案。光纤熔接所用光纤熔纤盒均为铸铝 IP68 高防护结构（见图 6-30），现场保偏光纤严格按照《工程现场光纤熔接点防护实施规范》进行熔接及防护，从剥除涂覆层、安置热缩管、熔接操作、熔点黏接、光纤盘绕等全过程进行了规范约束，形成的一整套成熟可靠的规范性流程使工程产品的可靠性得到了保障。

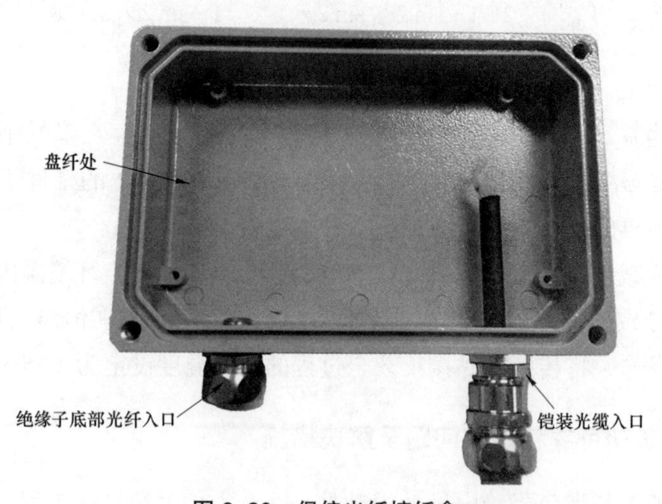

图 6-30 保偏光纤熔纤盒

3）工程实施规范。工程实施过程按照《工程售后服务实施细则》进行，现场的安装、调试、校验、故障处理等均有明确的流程指导、记录、反馈及处理机制，规范的工程实施办法和经验丰富的工程服务队伍同样保障了工程产品的可靠性。

（2）可靠性试验方案。为提高产品质量，在整个产品的全制备过程中均进行了严格的筛选试验及环境试验，包含了元器件的筛选试验，部组件的筛选试验及整机的环境试验等。光学互感器产品组成及试验内容如表 6–7 所示。

表 6–7　　电压互感器筛选试验内容

产品名称	部组件	试验内容
光学电压互感器	关键光学器件	温循老化试验、随机振动试验、性能测试
	解调电路	快速温变试验、随机振动试验、温度筛选试验
	光电模块	快速温变试验
	敏感头	气密试验、快速温变试验、随机振动试验
	整机	温度筛选试验、老练试验

7 电子式互感器工程技术发展

2017年以来国网公司开展第三代智能变电站技术研究，电子式互感器的发展也进入了新阶段。

根据原理和安装方式将电子式互感器分为嵌入式、支柱式、外置式，如表7-1所示。

表7-1 电子式互感器类型分类

类型	嵌入式	支柱式	外置式
罗氏线圈电流	√	√	√
光学电流	√	√	√
电容分压电压	√	√	—
光学电压	√	√	—
罗氏线圈电流与电容分压电压组合	√	√	—
光学电流与电容分压电流组合	√	√	—
光学电流与电压组合	√	√	—

对新一代智能变电站应用的电子式互感器提出四方面的具体要求。

（1）电子式互感器标准化。

1）统一电子式互感器的产品型号定义。

2）统一电子式互感器的一次接口（与一次导电部分连接）、二次接口（就地模块对外连接）、土建基础接口。

3）统一采集器的数据延时为190μs。

4）统一采集器至就地模块的输出数据方式：采集器统一通过100M的LC光口向就地模块输出数据，采用9-2传输协议，采样速率统一为每周波256点

（12.8kSa/s）。

5）支持数字计量要求，将电子式互感器输出精度统一定为0.5级。

6）新增行波测距功能的配置方案：配置独立的行波测距采集模块，采用MMS协议，采样速率大于1MSa/s，故障时自启动，形成comtrade格式文件后再送至行波测距子站。

7）采集器支持直接接入保护的方案，也可经就地模块合并后再接入保护。

（2）电子式互感器模块化。将电子式互感器分为一次传感器、采集器两个独立部分，每个部分功能损坏可独立更换。

（3）不停电运维。

1）采集器地电位布置，便于运维；

2）采集器双重化配置时，在不影响一次设备正常运行的情况下，实现单套采集器的更换，运维更加便利高效；

3）采集器更换后免校准条件下满足准确度要求；

4）外置式电子式互感器一次传感器损坏也可支持不停电更换。

（4）可靠性提升。

1）提高器件选型、筛选、测试标准，关键光学器件要求供应商提供可靠性实验报告；

2）提高加工工艺标准，对产品设计、生产、安装等环节的关键点提出了要求；

3）提出两种双AD采样技术实施方案，制定双AD采样数据稳定性指标及判据；

4）明确规定采集器平均无故障时间50000h（约4年）、一次传感器使用寿命30年、采集器使用寿命10年；

5）在现有国标要求的型式试验项目及国网性能检测项目的基础上，结合现场运维经验，增加了电子式互感器拖尾电流、输出直流分量、双AD一致性、额定延时、光纤绝缘子与界面可靠性测试等性能检测试验项目，提升电子互感器入网性能检测标准。

编制了16类电子式互感器的技术规程，用于指导电子式互感器的设计、生产、制造、测试和运维。

随着电子式互感器可靠性、适应性、运维便利性的提升，其应用体验会越来越好。随着上游产业的技术发展其成本将进一步下降，其应用场景将得到扩展，逐渐打开产业局面。

附录A 光纤电流传感器传感光纤关键技术

光纤电流传感器应用于特高压交流输电工程和直流输电工程一直被认为是未来发展的一个方向，是一个理想中的电流测量装置，国内外许多科学家前赴后继进行了大量研究，也有一些应用，取得了一些成果，但是离大规模应用还有一段距离。

A.1 光纤材料——电流传感光纤

光纤由英籍华人高锟博士和Hockham于1966年发明。当时预见利用玻璃可以制成衰减为20dB/km通信光纤。1974年，实现光纤衰减2dB/km，1980年实现光纤衰减0.2dB/km，长距离传输成为可能，光纤通信取得长足的进步。翻开了历史崭新的一页。

20世纪90年代，光纤传感技术不断的商用化，比如光纤压力传感器，光纤液体流量传感器，湿度传感器、光纤电流传感器等。

全光纤电流传感器的研发，国际上从20世纪70年代开始，我国20世纪80年代也开始着手研究。全光纤电流传感器利用法拉第效应（法拉第效应就是线偏振光在某种材料中传播时，由于磁场的变化使得线偏振光的偏振面发生了旋转，旋转的角度与平行于传播方向的磁场分量成正比）通过传感光纤缠绕在被测导电体周围，测量出导电体的电流大小。

但是，自20世纪80年代提出以来，一直没有真正批量生产出这种光纤。

2013年3月，用螺旋高双折射保椭圆光纤生产出了全光纤电流传感器，2013年底通过各项性能指标测试。标志着全光纤电流传感器的研发生产真正步入了正确的道路。光纤材料领域的突破和生产工艺上的成熟为光纤电流传感器的真正应用提供了有力的基础保障。

电流传感光纤的光纤截面图、光纤的内部结构示意图以及实际光纤的侧向 CCD 图见图 A-1。

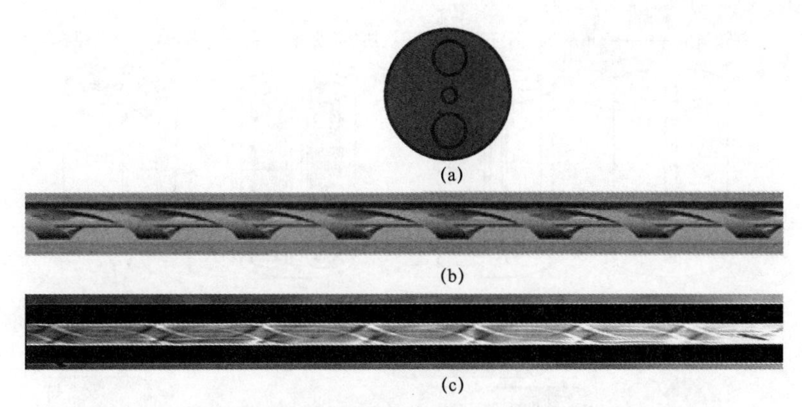

图 A-1　电流传感光纤的光纤截面图、光纤的内部结构示意图以及实际光纤的侧向 CCD 图

(a) 光纤截面图；(b) 光纤内部结构示意图；(c) 实际光纤的侧向 CCD 图

目前国际上具有上述截面的光纤称为保线偏振光纤，电流传感光纤在端面结构上与保线偏振光纤完全一致。其区别在于，电流传感光纤的端面结构随光纤延伸在内部均匀旋转（或者称延 *Y* 轴方向旋转）而保纤偏振光纤的端面随光纤延伸不变（或者称延 *Y* 轴方向不变）。

线偏振光纤的制备过程如图 A-2 所示。

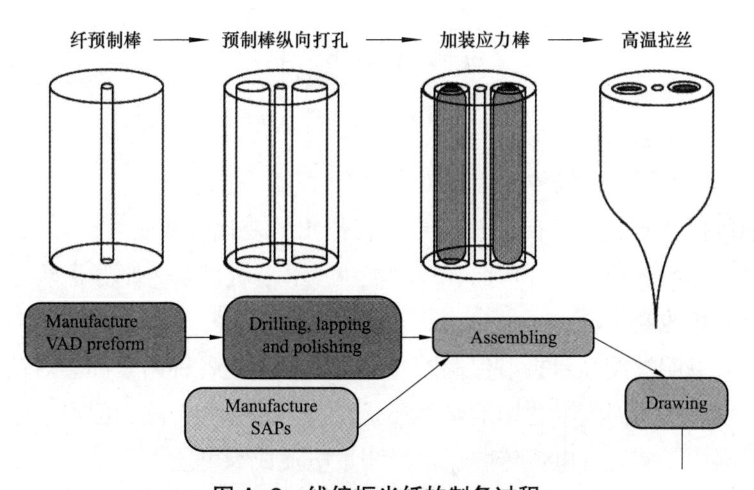

图 A-2　线偏振光纤的制备过程

线偏振光纤具有保线偏振的特性，在光纤陀螺中得到广泛应用。

电流传感光纤的制备过程如图 A-3 所示。

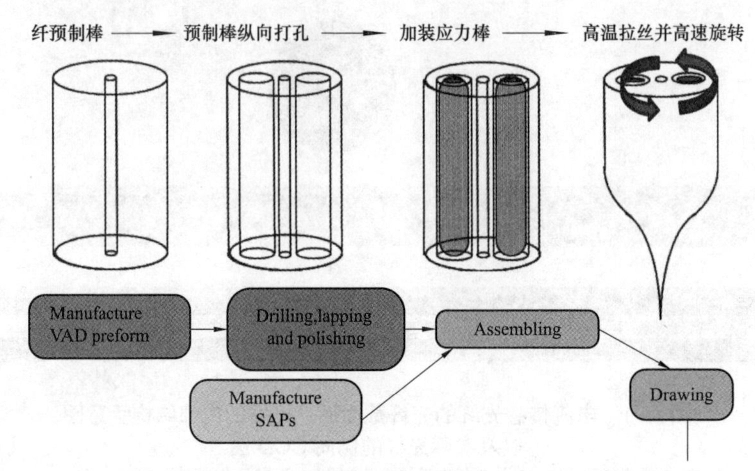

图 A-3　电流传感光纤的制备过程

螺旋高双折射保椭圆光纤最适合应用于测量电流，因为光电信号处理单元中的激光器产生激光，通过起偏器产生线偏振光，沿保线偏振光纤传输到玻片，玻片的功能将线偏振光转化为椭圆偏振光，椭圆偏振光沿螺旋高双折射保椭圆光纤传输，经过光纤末端的反射镜，将光反射回来，沿光路返回，由于电流母线有电流存在，产生磁场，根据法拉第原理，前后两束产生相位角的变化

$$\Delta\phi_{F}=4VN\oint_{s}H\cdot dS=4NVI$$

式中　I——母线电流值；

V——光纤电磁场传感因子（常数）。

从中可以看到，电流变化直接导致相位角的变化。从而可以确认电流大小。但其他因数（如震动、光纤弯曲、环境温度变化、光纤环外部强磁场等）是否也会导致相位角的变化。

在没有发明螺旋高双折射保椭圆光纤之前，上述各种因素都会对精确测量母线电流产生影响。温度变化影响虽然还是没有办法完全消除，但通过温度补偿基本解决了问题。使光纤电流传感器精准测量电流成为可能。

A.2　生产工艺——光纤波片的自动化

光纤波片的功能是将线偏振光转化为椭圆偏正光（图 A–4），传统的工艺是通过熔接机熔接将一段普通的光纤与传输光纤和电流传感光纤连接，其主要作用是将传输线路上的线偏振光转变为用于传感的椭圆偏振光，即为传输光信号与传感光信号的中转点，从而利用法拉第效应（外加磁场使得两束圆偏振光在传播一段距离后会产生一定的相位差，可通过测量该相位差来获得磁场及产生磁场的电流信息）进行电流检测。1/4 波片在全光纤电流互感器中对光信号的偏振态起关键影响，该器件成为全光纤电流互感器研制过程中技术难点。全光纤 1/4 波片的制作原理及过程非常简单，由两段保偏光纤以 45° 对轴熔接，再截取输出端光纤的 1/4 拍长（拍长为保偏光纤的一项基本参数，其指标一般为 2 ~ 10mm，国际上的最高指标也没超过 30mm，只能达到 20mm 左右）长度制作而成，但在制作过程中不可避免地存在两大难点。首先是保偏光纤对轴角度的控制，即两段保偏光纤 45° 熔接时的对轴角度无法完全控制到 45° ，会存在一定的偏差（一般在 ±0.7° 左右）；其次，更困难的是，由于保偏光纤的拍长一般为几毫米，因此很难在毫米级的长度上精确的截取 1/4 拍长长度。全光纤 1/4 波片的两大制作难点使制作好的波片存在一定的误差，从而导致全光纤电流互感器也存在误差，使其测量准确度达不到电力系统的计量要求。全光纤 1/4 波片制作过程中的两大难点是目前国际上光纤传感领域的共有难题，尤其是精确截取 1/4 拍长长度的难点，导致该器件成为全光纤电流互感器研制过程中最大的瓶颈，无法实现规模化生产

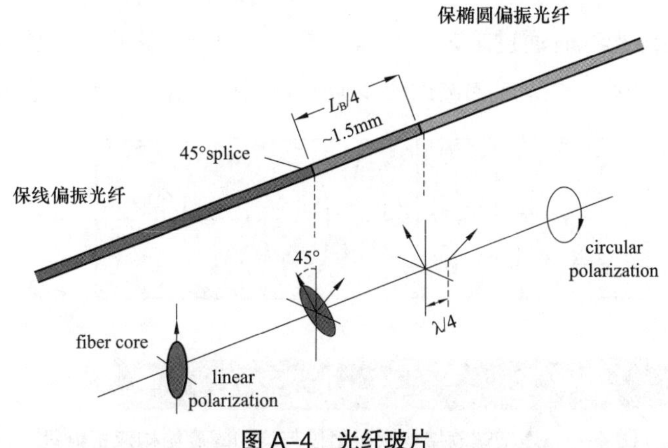

图 A–4　光纤玻片

和产品一致性。

在光纤拉丝过程中，逐步加速旋转此预制棒即将应力作用体拉成螺旋形，从而制出所需的高圆双折射保持圆偏振态的光纤，取代 1/4 波片，解决了偏振态匹配问题和规模化生产问题。线偏振态从慢轴输入产生右旋椭圆偏振光如图 A–5 所示。

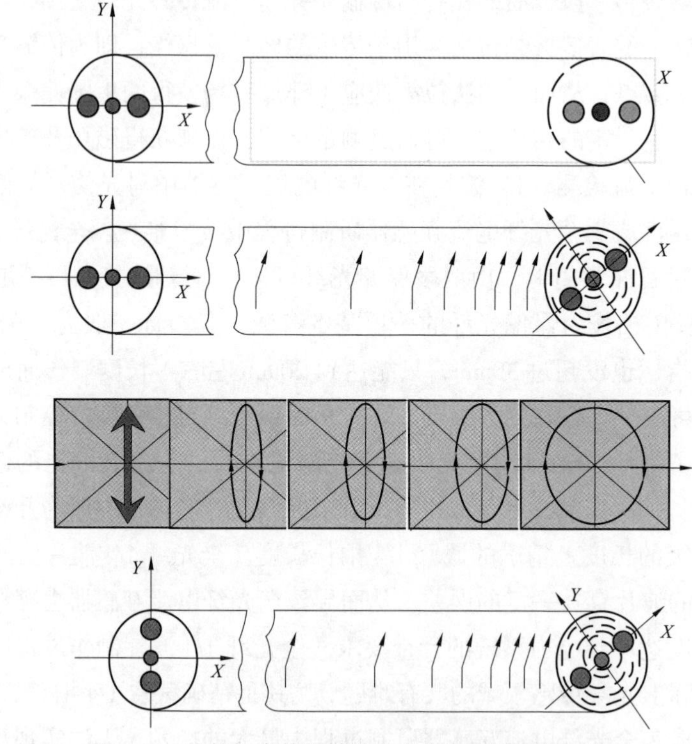

图 A–5　线偏振态从慢轴输入产生右旋椭圆偏振光

在制备传感光纤时通过工艺控制，由先拉传输光纤逐步开始旋转，加速旋转到一定速度均匀旋转，实现线偏振逐步向椭圆偏振转化，最终完成波片和传感光

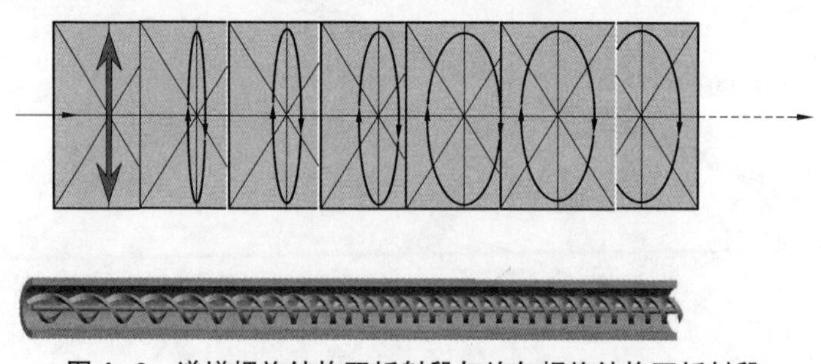

图 A–6　递增螺旋结构双折射段与均匀螺旋结构双折射段

纤的制备。递增螺旋结构双折射段与均匀螺旋结构双折射段如图 A-6 所示。

A.3　关键工具——保偏光纤熔接机

光纤电流传感器在设备生产、系统调试、现场安装过程中都需要使用保偏光纤熔接机，传统的保偏光纤熔接机在对不同种光纤之间的熔接会出现较大的角向定位误差，而对一些特殊应力区结构的保偏光纤甚至出现定位无法识别的情况。

新型的保偏光纤熔接机将保偏熔接机角向定位功能和光纤熔接功能彻底分开，使得熔接机结构清晰明了，易于操作维护，并且采用了较之侧向成像定位技术更为直观的端面成像定位技术，所成的端面图像可以显示在高分辨率的显示屏幕上，使用者可以直观的、清晰的进行保偏光纤角向定位，定位过程简单可控。另外，其最大的优势在于对不同种类保偏光纤之间的熔接以及特殊应力区结构的保偏光纤熔接，也有着良好的熔接效果。

国产新型的光纤熔焊机如图 A-7 所示。

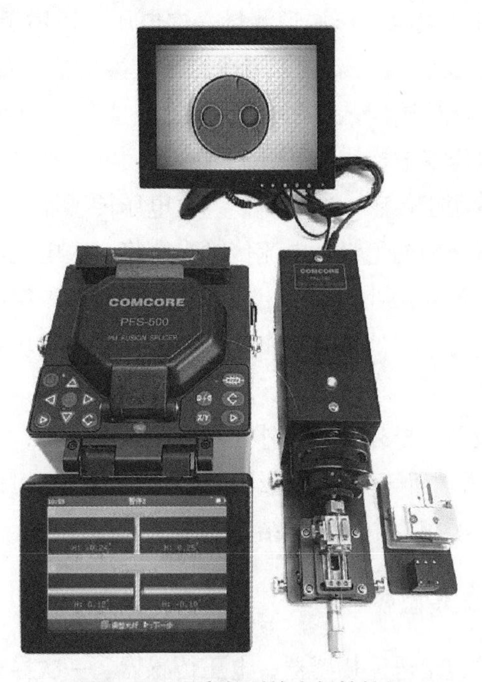

图 A-7　国产新型的光纤熔接机

附录B　支柱式罗氏线圈与电容分压电子式电流电压组合互感器

B.1 典 型 结 构

B.1.1　总体结构

支柱式罗氏线圈电流与电容分压电子式电流电压组合互感器基于罗氏线圈原理测量一次电流，基于电容分压原理测量一次电压。适用于 AIS 敞开式变电站，自立式，高位布置，安装在支架上，用螺栓与支架固定，如图 B-1 所示。主要组成部分包括一次电流传感器、一次电压传感器、光纤复合绝缘子、电流采集器、电压采集器、电流电压就地模块等。

一次电流传感器用于传感一次电流，一次电压传感器用于传感一次电压，复合绝缘子保证高、低压侧的绝缘，电流传输光缆将一次电流传感器的模拟电信号传输至电流采集器进行数据处理并输出，电压采集器对一次电压传感器通过屏蔽电缆送来的电信号进行数据处理并输出，电流电压就地模块采集器发送的电流电压并接入 HSR 环网。

电流采集器一般置于户外柜、户外挂箱中或独立防护，支持不停电运维；电压采集器独立工作，常放置于支柱式绝缘子的底座构件中，可以支持不停电运维；就地模块布置于间隔汇控柜中。典型结构如图 B-1 所示。

B.1.2　一次电流传感器

一次传感器主要包括电流传感器、电压传感器、一次导杆及壳体等部分，实现一次电流电压信号的传变和传感器绝缘隔离，并满足 SF_6 气体密封性及机械性能要求。一次传感器结构如图 B-2 所示。

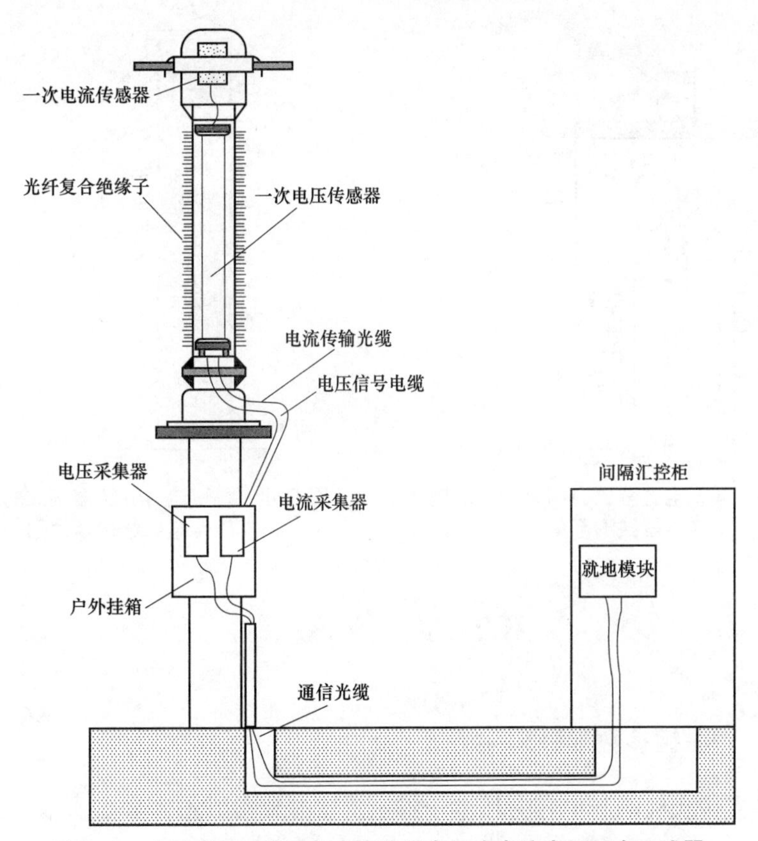

图 B–1　支柱式罗氏线圈与电容分压电子式电流电压组合互感器

B.1.3　一次电压传感器

一次电压传感器的主要元件为电容分压器，分压器可分为同轴电容分压器或叠装电容分压器两类。

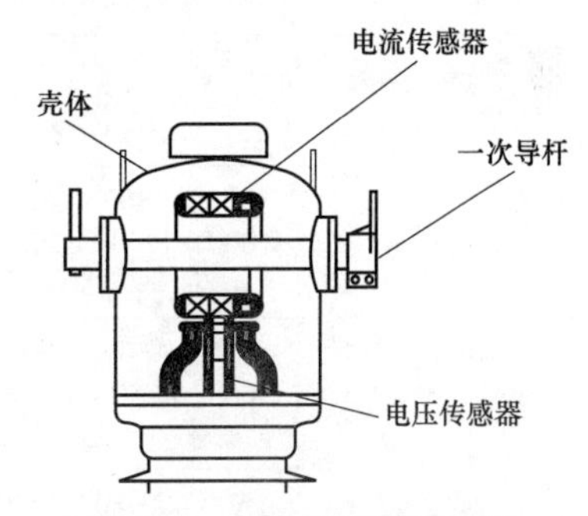

图 B–2　一次传感器示意图

（1）同轴电容分压器。基于同轴结构电容分压原理，一次分压电容由顶端壳体、屏蔽筒组成，放置在绝缘子顶端；二次电容由圆柱形电容板构成，实现将一次高压转换为低电压信号，经中心位置地电位屏蔽支撑杆将信号引入地电位采集单元，完成数字信号处理和转换，如图 B–3 所示。

（2）叠装电容分压器。基于电容分压原理，采用圆桶状一次电容器叠装串联形式，放置于绝缘子套管内，通过多个电容器实现分压功能，实现将一次高压信号转换为低压信号。如图 B–4 所示。

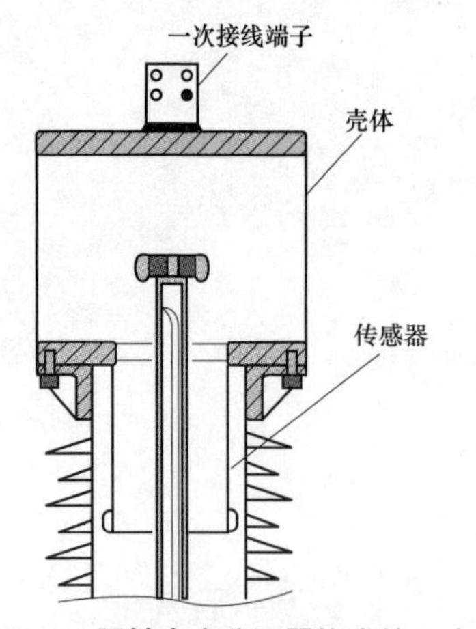

图 B-3　同轴电容分压器构成的一次电压传感器结构示意图

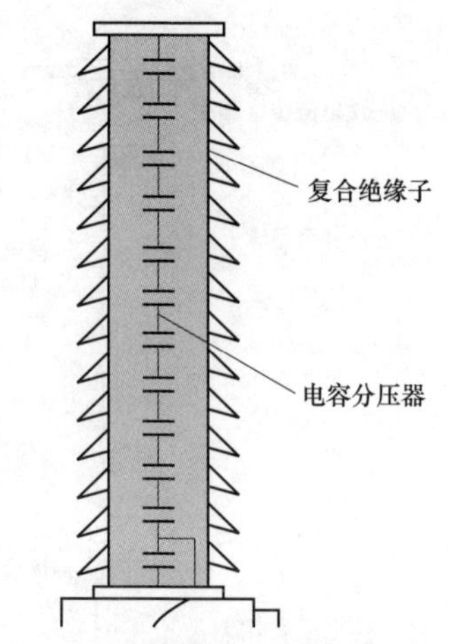

图 B-4　叠装电容分压器构成的一次电压传感器结构示意图

B.2 设备参数

B.2.1　关键参数索引

支柱式罗氏线圈与电容分压电子式互感器参数索引如表 B-1 所示。

表 B-1　　支柱式罗氏线圈与电容分压电子式互感器关键参数索引表

序号	电压等级（kV）	额定电流（A）	额定短时耐受电流（kA）	绝缘型式	一次传感器类型
1	66	可选：300，630（600），1000，1250（1200），2000，2500	40（3s）	SF_6 气体 / 干式	电流：罗氏线圈 电压：电容分压
2	110	可选：300，630（600），1000，1250（1200），2000，2500	40（3s）	SF_6 气体 / 干式	电流：罗氏线圈 电压：电容分压
3	220	可选：600,800,1250（1200），2000，3000，4000	40（3s）	SF_6 气体 / 干式	电流：罗氏线圈 电压：电容分压
4	330	可选：600,800,1250（1200），2000，3000，4000	40（3s）	SF_6 气体 / 干式	电流：罗氏线圈 电压：电容分压

B.2.2　技术参数

支柱式罗氏线圈与电容分压电子式互感器技术参数分别如表 B-2 所示。

表 B-2 支柱式罗氏线圈与电容分压电子式互感器关键技术参数表

<table>
<tr><th>序号</th><th colspan="2">项 目</th><th colspan="3">典型值</th></tr>
<tr><td>1</td><td colspan="2">型式或型号</td><td colspan="3">户外、单相、电子式组合互感器</td></tr>
<tr><td>2</td><td rowspan="4">电子式电流互感器</td><td>一次传感器原理</td><td colspan="3">罗氏线圈</td></tr>
<tr><td>3</td><td>一次传感器数量（个 / 相）</td><td colspan="3">1/2</td></tr>
<tr><td>4</td><td>每传感器 AD 个数</td><td colspan="3">2</td></tr>
<tr><td>5</td><td>采集器获取能量方式</td><td colspan="3">直流供电</td></tr>
<tr><td>6</td><td rowspan="3">电子式电压互感器</td><td>一次传感器原理</td><td colspan="3">电容分压</td></tr>
<tr><td>7</td><td>一次传感器数量（个 / 相）</td><td colspan="3">1</td></tr>
<tr><td>8</td><td>每传感器 AD 个数</td><td colspan="3">2</td></tr>
<tr><td>9</td><td colspan="2">采集器安装方式</td><td colspan="3">户外就地</td></tr>
<tr><td>10</td><td colspan="2">极性</td><td colspan="3">减极性（正极性）</td></tr>
<tr><td>11</td><td colspan="2">额定电压（kV 方均根值）</td><td colspan="3">66、110、220、330、500、750</td></tr>
<tr><td>12</td><td colspan="2">设备最高电压 U_{m}（kV 方均根值）</td><td colspan="3">72.5、126、252、363、550、800</td></tr>
<tr><td>13</td><td colspan="2">额定一次电流 I_{1n}（A）</td><td colspan="3">可选：600，800，1250（1200），2000，3000，4000</td></tr>
<tr><td>14</td><td colspan="2">额定频率（Hz）</td><td colspan="3">50</td></tr>
<tr><td>15</td><td colspan="2">额定扩大一次电流值（%）</td><td colspan="3">120</td></tr>
<tr><td>16</td><td colspan="2">对称短路电流倍数 K_{ssc}</td><td colspan="3">15/20/30（根据工程计算选取）</td></tr>
<tr><td>17</td><td colspan="2">采集器输出</td><td colspan="3">测量、计量、保护</td></tr>
<tr><td rowspan="2">18</td><td colspan="2" rowspan="2">电流准确级</td><td>测量、计量</td><td>AD1（保护 1）</td><td>AD2（保护 2）</td></tr>
<tr><td>0.5*</td><td>5TPE</td><td>5TPE</td></tr>
<tr><td>19</td><td colspan="2">电流准确限值系数</td><td colspan="3">20/30/40（按用户需求）</td></tr>
<tr><td>20</td><td colspan="2">电流谐波准确度</td><td colspan="3">参见国标 GB/T 20840.8 附录 C 5.1</td></tr>
<tr><td rowspan="2">21</td><td colspan="2" rowspan="2">电压准确级</td><td>测量、计量</td><td>AD1（保护 1）</td><td>AD2（保护 2）</td></tr>
<tr><td>0.2*</td><td>3P</td><td>3P</td></tr>
<tr><td>22</td><td colspan="2">电压额定相位偏移</td><td colspan="3">0°</td></tr>
<tr><td>23</td><td colspan="2">电流、电压额定延迟时间（t_{dr}）</td><td colspan="3">≤ 190μs（不含就地模块）</td></tr>
<tr><td>24</td><td colspan="2">采样频率（kSa/s）</td><td colspan="3">12.8</td></tr>
<tr><td rowspan="2">25</td><td rowspan="2">暂态特性</td><td>唤醒时间常数（s）</td><td colspan="3">0</td></tr>
<tr><td>暂态电流衰减时间常数（ms）</td><td colspan="3">120</td></tr>
<tr><td rowspan="2">26</td><td rowspan="2">短时热稳定电流及持续时间</td><td>热稳定电流（kA，方均根值）</td><td colspan="3">40</td></tr>
<tr><td>热稳定电流持续时间（s）</td><td colspan="3">3</td></tr>
</table>

续表

序号	项　目		典型值
27	额定动稳定电流（kA，峰值）		100
28	额定电压倍数及持续时间		1.2 倍、连续
			1.5 倍、30s
29	介质损耗因数 tanδ（%），在（0.9~1.1）额定电压下		≤ 0.15
30	振动影响		参见国标 GB/T 20840.8 中的 8.13
31	传递过电压峰值限值（kV）（如果有）		≤ 1.6
32	低压元器件	冲击耐压（kV）	5
		工频耐压（kV）	2
33	电磁兼容：发射	电源端子骚扰电压测试	A 级
		电磁辐射骚扰测试	A 级
34	电磁兼容：抗扰度	电源慢变化抗扰度测试	+20%~-20%，A 级
		电压暂降和短时中断抗扰度测试	50% 暂降 ×0.1s、中断 ×0.05s，A 级
		浪涌（冲击）抗扰度测试	4，A 级
		电快速瞬变脉冲群抗扰度测试	4，A 级
		振荡波抗扰度测试	3，A 级
		工频磁场抗扰度测试	5，A 级
		脉冲磁场抗扰度测试	5，A 级
		阻尼振荡磁场抗扰度测试	5，A 级
		射频电磁场辐射抗扰度测试	3，A 级
		静电放电	4，A 级
35	局部放电水平（pC）	在 U_m 电压下	≤ 10（气体 / 液体）；≤ 50（固体）
		在 $1.2U_m/\sqrt{3}$ 电压下	≤ 5（气体 / 液体）；≤ 20（固体）
36	绝缘水平	雷电冲击耐受电压（kV，峰值）	350（66kV）
			550（110kV）
			1050（220kV）
			1175（330kV）
		一次绕组工频耐受电压（kV，方均根值）	160（66kV）
			230（110kV）
			460（220kV）
			510（330kV）

续表

<table>
<tr><th>序号</th><th colspan="2">项　目</th><th>典型值</th></tr>
<tr><td rowspan="2">37</td><td colspan="2">在 1.1$U_m/\sqrt{3}$电压下无线电干扰电压（V）</td><td>≤ 500</td></tr>
<tr><td colspan="2">在 1.1$U_m/\sqrt{3}$电压下，户外晴天夜晚无可见电晕</td><td>无可见电晕</td></tr>
<tr><td>38</td><td colspan="2">套管材质</td><td>硅橡胶或复合绝缘材料</td></tr>
<tr><td>39</td><td colspan="2">伞裙结构</td><td>大小伞</td></tr>
<tr><td>40</td><td colspan="2">外绝缘最小爬电距离（mm）（K_d 为直径系数，平均直径不小于 300，$K_d = 1.1$；平均直径大于 500，$K_d = 1.2$）</td><td>≥ 3150 × K_d</td></tr>
<tr><td>41</td><td colspan="2">爬电距离 / 干弧距离</td><td>≤ 4.0</td></tr>
<tr><td rowspan="3">42</td><td rowspan="3">温升限值</td><td>一次传感器（K）</td><td>75（环境最高温度 40℃时）</td></tr>
<tr><td>采集器（K）</td><td>50（环境最高温度 40℃时）</td></tr>
<tr><td>其他金属附件</td><td>不超过所靠近的材料限值</td></tr>
<tr><td rowspan="3">43</td><td rowspan="3">一次端子允许荷载（N）</td><td>水平纵向</td><td>2000</td></tr>
<tr><td>水平横向</td><td>2000</td></tr>
<tr><td>垂直方向</td><td>2000</td></tr>
<tr><td rowspan="4">44</td><td rowspan="3">工作电源</td><td>额定电压（V）</td><td>DC 220/110</td></tr>
<tr><td>允许偏差</td><td>−20%~15%</td></tr>
<tr><td>纹波系数</td><td>不大于 5%</td></tr>
<tr><td colspan="2">回路功耗（W）</td><td>≤ 30</td></tr>
<tr><td>45</td><td colspan="2">运输允许倾斜角度（°）</td><td>卧倒运输</td></tr>
<tr><td>46</td><td colspan="2">一次传感器预期寿命（年）</td><td>30</td></tr>
<tr><td>47</td><td colspan="2">采集器预期寿命（年）</td><td>10</td></tr>
<tr><td>48</td><td colspan="2">平均无故障运行时间（h）</td><td>50000</td></tr>
</table>

* 数字计量系统的误差来源是电子式互感器，采用 0.5 级的电子式电流互感器和 0.2 级的电子式电压互感器组成的数字计量系统，其准确度等同于传统计量系统。

支柱式罗氏线圈与电容分压电子式电流电压组合互感器配置如表 B–3 所示。

表 B–3　　支柱式罗氏线圈与电容分压电子式互感器配置

序号	名称	配置
1	备品备件	
…	…	…

B.3 通 用 要 求

B.3.1 型号定义

电子式互感器编号说明如图 B–5 所示。

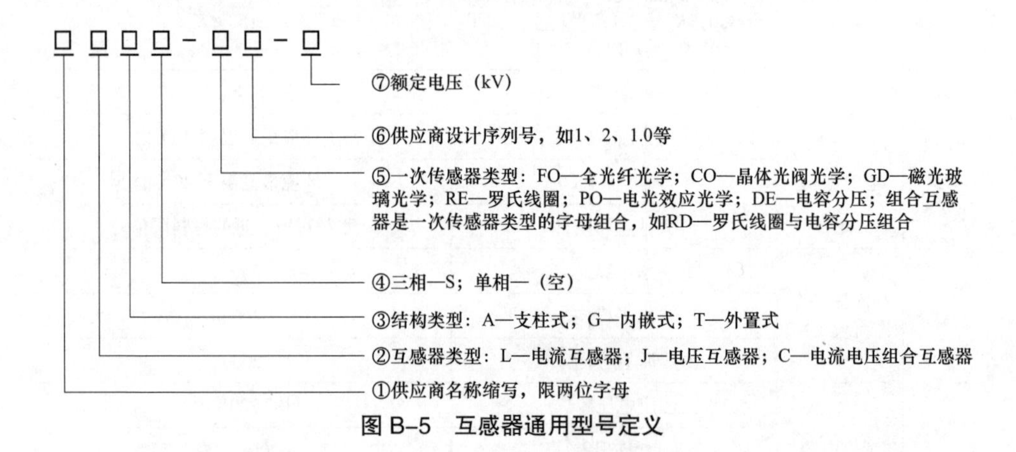

图 B–5 互感器通用型号定义

互感器型号示例如下。

例 1：× ×LA–FO1–220，× × 公司生产的 220kV 支柱式光学电子式电流互感器，一次传感器类型为全光纤式，设计序列号 1。

例 2：× ×JG–RD2.0–220，× × 公司生产的 500kV 三相分箱结构的内嵌式电容分压电子式电压互感器，设计序列号 2.0。

例 3：× ×CGS–RD3.1–110，× × 公司生产的 110kV 三相共箱结构的内嵌式罗氏线圈与电容分压电子式电流电压组合互感器，设计序列号 3.1。

B.3.2 使用环境条件

支柱式罗氏线圈电流与电容分压电子式电流电压组合互感器使用环境条件如表 B–4 所示。特殊环境要求根据项目情况进行编制。

B.3.3 模块化要求

（1）采集器模块化配置，便于更换。

（2）电流采集器、电压采集器布置于户外挂箱中，位于地电位。

表 B–4 使用环境条件表

序号	名称		要求值
1	互感器本体运行温度（户外）	日最高温度（℃）	55
		日最低温度（℃）	–40
		日最大温差（℃）	35
2	感器本体运行温度（户内）	日最高温度（℃）	45
		日最低温度（℃）	–5
		日最大温差（℃）	25
3	采集器运行温度（挂箱内）	日最高温度（℃）	70
		日最低温度（℃）	–40
		日最大温差（℃）	25
4	最大相对湿度		≤ 95%（RH）
5	海拔（m）		≤ 1000
6	太阳辐射强度（W/cm^2）		0.1
7	最大覆冰厚度（mm）		10
8	最大风速（m/s）（离地面 10m 高 10min 平均最大风速）		35
9	大气压力（kPa）		66~105
10	抗震能力	水平加速度 / 垂直加速度（g）	0.3/0.15
		安全系数	1.67
11	污秽等级		Ⅲ / Ⅳ

（3）双重化配置的采集器相互独立、物理隔离，在不影响一次设备正常运行的情况下，允许单套采集器的维护更换。

（4）非关口计量用的互感器，采集器更换后满足准确度要求，支持免校准。

（5）硬件、软件版本号在采集器外壳上明确标识。

（6）采集器软件升级应不使整机性能发生变化。

（7）互感器具备自诊断告警功能，在关键状态量接近无效阈值前宜主动发出告警。

B.3.4 可靠性要求

（1）产品寿命的要求。一次传感器安装于高压侧，使用寿命应保证不少于 30 年；采集器使用寿命应保证不少于 10 年。

（2）元器件选型和筛选的要求。互感器电子器件部分应具备高可靠性，所有芯片选用工业级以上微功率、宽温芯片。

（3）装置运行可靠性要求。采集器平均无故障时间（MTBF）大于 50000h，使用寿命不少于 10 年。所有装置出厂前均需经老化过程。互感器具备在线状态评估和故障日志功能。

（4）抗强电磁干扰要求。互感器应有较好的抗电磁干扰设计，电磁兼容均满足 A 级评价标准。在隔离开关、断路器操作时，互感器输出波形应无明显畸变，无异常大点输出和通信异常。

（5）抗振动影响要求。互感器的输出，应在承受与其使用状态相应的振动水平时仍运行正确。互感器的不同部件可以承受不同的振动水平。

1）一次部件的抗振动。电子式电流互感器不通电流，操作断路器一个工作循环（分 – 合 – 分），要求整个操作过程及操作结束后 10s 内，互感器二次输出均方根值应不超过额定输出的 3%，互感器输出波形应无明显畸变，无异常大点输出和通信异常。断路器共操作 10 个工作循环。

2）二次部件的抗振动。应满足 GB/T2423.10 对正常使用条件下运行的二次部件的试验要求。

（6）双 AD 采样要求。互感器应具有保护数据双 AD 采样功能，双 AD 功能应是由两个独立的 AD 芯片分别完成。

采集器实现双 AD 功能：采集器的电路系统应至少包含两路独立的保护用 AD 系统（采样系统）和一路测量（计量）用 AD，在准确度和特性满足要求的情况下，测量（计量）用 AD 可与保护用 AD 共用。工程中其一次传感器和采集器按单套配置，如图 B–6 所示。

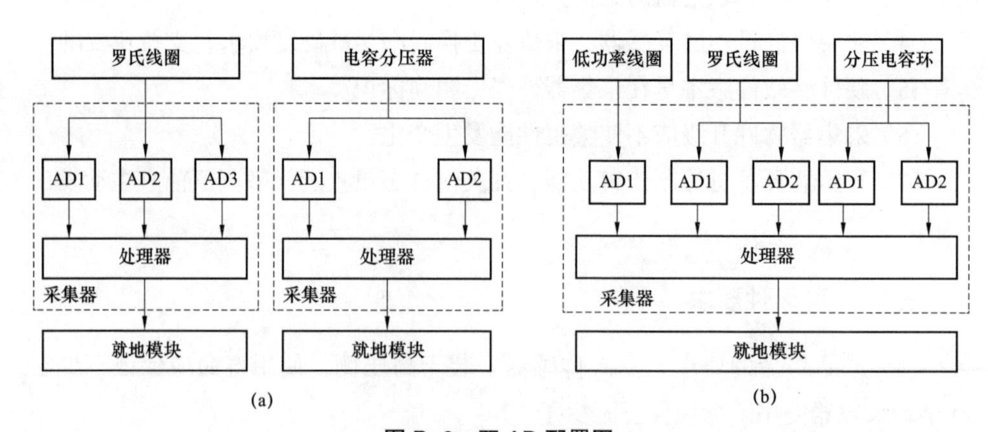

图 B–6　双 AD 配置图

(a) 罗氏线圈和电容分压器；(b) 罗氏线圈和低功率线圈与电容分压器

（7）数据稳定性要求。

1）双 AD 数据一致性要求。为确保双 AD 数据的准确性，运行中互感器的双 AD 数据需满足如下的判定标准：

$|I_{AD1}-I_{AD2}| \leqslant$（0.25 × min（$|I_{AD1}|$, $|I_{AD2}|$）+ 固定门槛值），该门槛值通常为 0.1 倍额定电流。I_{AD1}、I_{AD2} 为双 AD 采样的电流瞬时值。

$|U_{AD1}-U_{AD2}| \leqslant$（0.25 × min（$|U_{AD1}|$, $|U_{AD2}|$）+ 固定门槛值），该门槛值通常为 0.1 倍额定电压。U_{AD1}、U_{AD2} 为双 AD 采样的电压瞬时值。

2）长期运行的数据稳定性。应保证长期运行过程中，误差满足准确级要求，且在参比条件下，误差变化不超过允许误差的 1/2。

3）拖尾电流。一次电流切断 5ms 后，保护通道输出数据一个周波内的有效值不超过额定电流的 3%。

4）输出直流分量（零偏）。输出电流直流分量有效值不应超过 20A，且不应超过额定电流的 2%。

（8）施工工艺的可靠性要求。应有完善的设计及施工方案，有效增强抗干扰能力，其他电气设备检修或施工等操作应不影响本套设备正常运行。

（9）设备、部件制造中使用的材料整体要求。

1）所选用的材料应是全新、优质、无缺陷和无损伤的；

2）种类、成分、物理性能应结合相应的设备、部件的用途，按最佳的工程实践选取；

3）材料应符合本条件书以及其他相关规范标准所列的类型、技术规范和等级或与之等效；

4）材料的详细规范，包括等级、牌号、类别均应在制造厂提供审查的详图中表示出来。

（10）零部件加工的整体要求。

1）所有零部件均应符合规定尺寸并遵照核准图纸加工，可互换的零部件应具有互换性；

2）所有结合面、基准面和金属部件均应精加工，并在图纸上标明加工等级代号；

3）所有螺栓、螺帽和管件螺纹应符合“国际标准化组织”相关标准和国际计量规格的规定。

（11）铸件的整体要求。

1）所有铸件在有螺帽处要精加工整平；

2）铸件应外形工整、质量均匀、形态一致，无夹渣、裂纹等缺陷；

3）结构铸件在变换界面的部位应配置构造上容许的最大限度的加强筋；

4）结构铸件上存在重大缺陷或在关键部位上出现过量的杂质或合金分凝应予以报废，不得进行修理、填堵和施焊。

B.3.5 配置要求

支柱式组合互感器应用于变电站的线路间隔及主变压器间隔，采用不同的配置方案。

（1）线路间隔单套配置。按相配置 1 台电流与电容分压组合互感器，每台互感器中一次电流传感器、一次电压传感器、电流采集器、电压采集器均配置 1 台。如需支持输电线路故障行波测距功能，宜增配独立的采集模块或采集器。

（2）主变压器间隔双套配置，实现双重化功能。按相配置 1 台电流与电容分压组合互感器，每台互感器中一次电流传感器、一次电压传感器、电流采集器、电压采集器均按双重化要求配置 2 台。

B.4 主要部件

B.4.1 一次电流传感器

B.4.1.1 功能要求

传感器可采用罗氏线圈或罗氏线圈 + 低功率线圈方案，并将传感器放置与线圈壳体内，各部件具体要求如下：

（1）罗氏线圈。罗氏线圈即空心线圈、Rogowski 线圈，是一种密绕于非磁性骨架上的螺线管。对罗氏线圈的工艺要求：

1）应选用先进的绕线加工工艺，确保罗氏线圈匝数密度和骨架截面积保持均匀，减小外界干扰磁场分量和一次导体位置变动引起精度变化的影响。

2）选择热膨胀系数小的骨架材料，减小温度变化引起骨架材料热胀冷缩造成精度变化的影响。

3）选用低温度系数的绕线材质，减少线圈内阻受温度影响。

4）罗氏线圈采取屏蔽防护，有效减少外界干扰。

5）线圈应进行灌封浇注，灌胶材料应选用具有耐绝缘冲击、防水、防气体腐蚀及温度特性优良等材质。

（2）低功率线圈（如有）。

1）采用磁导率高、剩磁小的铁芯，原则上铁芯无气隙；

2）并联于二次绕组上的电阻应选用精密、温度系数小的电阻；

3）带电更换采集器不应引起铁芯线圈的二次开路。

（3）线圈壳体。

1）线圈壳体根据罗氏线圈尺寸，可选用铝合金等材质加工，在保证机械要求等条件下减少壳体厚度和尺寸，实现轻量化、小型化。

2）线圈壳体表面应洁净、无尖角凸起等，边角应做圆弧打磨处理，保证在一次高压端绝缘性能要求。

3）线圈壳体应留有空隙，避免一次电流磁场条件下形成环流或造成线圈屏蔽。

B.4.1.2　技术要求

（1）一次传感器配置根据工程配置需要，配置单套罗氏线圈传感器或双套独立罗氏线圈传感器。

（2）一次传感器应结构简单、性能可靠、易于安装调整、维护检修安全方便，金属零部件应防锈、防腐蚀，钢制件应热镀锌处理，螺纹连接部分应防锈、防松动和电腐蚀。

（3）一次传感器与一次导杆的连接应紧固，应确保导杆不在一次传感器内部振动或产生位移。

（4）一次传感器应满足 SF_6 额定气压条件下密封性及机械性要求。

（5）一次传感器的结构应能防止在雨水条件下造成一次电流的分流。

（6）一次传感器中一次导杆安装应与壳体之间具有密封及防水性能。

（7）同型号同规格产品的安装尺寸应一致，零部件应具有互换性。

（8）在制造厂必须进行全面组装，调整好各部件的尺寸，并做好相应的标记。

（9）一次传感器的结构应能防止鸟类做窝。

B.4.1.3　装置接口

一次电流传感器输出为额定电压信号，通过屏蔽双绞线传输至电流采集器。

B.4.2　一次电压传感器

B.4.2.1　功能要求

一次电压传感器传感器采用同轴电容分压器或叠装电容分压器，将一次高电压信号转换为低压模拟电压信号。

B.4.2.2 技术要求

（1）一次电压传感器的使用年限应不小于30年。

（2）应选用低温度系数的电容器件，减少温度变化对容值的影响。

（3）电容分压器应与在绝缘套管内可靠固定。若为同轴电容需确保同轴电容分压器一次导体安装紧固可靠性，避免一次导体位置变动。

（4）电容分压器应保证表面光洁度，避免出现尖角、凸起等影响高压侧绝缘性能。

（5）电容分压器应具有良好的密封性能。

（6）金属零部件应防锈、防腐蚀，钢制件应热镀锌处理，螺纹连接部分应防锈、防松动和电腐蚀。

（7）同型号同规格产品的安装尺寸应一致，零部件应具有互换性。

（8）电容分压器必须在制造厂进行整体组装，调整好各部件的尺寸，并做好相应的标记。

B.4.2.3 装置接口

一次电压传感器输出为额定电压信号，通过屏蔽双绞线传输至电压采集器。

B.4.3 壳体

B.4.3.1 功能要求

壳体为一次传感器及一次导杆提供支撑及防护。

B.4.3.2 技术要求

（1）壳体应结构简单，易于安装调整，金属零部件应防锈、防腐蚀或喷漆处理，螺纹连接部分应防锈、防松动和电腐蚀。

（2）壳体上应有明显的P1、P2标志。

（3）壳体加工及焊接处应保证无砂眼、缝隙等，保证产品充气压力下机械和密封性要求。

B.4.4 一次导杆

B.4.4.1 功能要求

一次导杆串联在变电站一次电流回路中，从一次电流传感器中穿过，实现通流功能，两端通过接线端子板与变电站一次电流回路连接。

B.4.4.2 技术要求

（1）一次导杆接线端子板应为平板式。

（2）一次导杆从传感器中穿过，应与壳体之间进行密封防护，保证 SF_6 气体密封性要求。

（3）一次导杆应能耐受额定动稳定电流和热稳定电流。

（4）一次导杆应能耐受 1.2 倍额定电流而不超过允许温升。

（5）一次接线端子应采用电阻率低、不存在晶间腐蚀倾向的材质，且型材表面进行阳极氧化处理，且平滑无划痕；

（6）一次导杆所有端子及紧固件应有足够的机械强度和保证良好的接触。

一次导杆接线端子机器强度要求如表 B–5 所示。

表 B–5　　一次导杆接线端子机械强度要求

设备最高电压 U_m（kV）	电压接线端子	一次电流接线端子允许载荷（N）		
	水平方向　垂直方向	水平横向	水平纵向	垂直方向
72.5	500	1250	1250	1250
126	1000	2000	2000	2000
252	1250	2500	2500	2500
363	1250	2500	2500	2500

B.4.5　复合绝缘子

B.4.5.1　功能要求

硅橡胶复合绝缘套管一般采用内充 SF_6 气体或胶体起到绝缘和支撑作用。硅橡胶复合绝缘套管由硅橡胶伞裙、环氧玻璃钢管和金属法兰构成，实现一、二次绝缘，保证整机绝缘性能。

绝缘套管材料应具有高机械强度、低介电损耗和抗老化特性；材质宜选用硅橡胶，伞裙结构宜选用不等径大小伞。具有防水结构，有良好的密封性能；硅橡胶外套应设计有足够的机械强度、绝缘强度和刚度；绝缘及其装配件的结构应保证其任何部分因热胀冷缩引起的应力不至于导致结构损伤。

B.4.5.2　技术要求

（1）互感器绝缘子性能参数、工艺应满足设计要求，绝缘套管本体应清晰可见供应商标志、生产年月。

（2）同一结构型式、同一电压等级的互感器绝缘子应能根据变电站所属污秽等级匹配互换。

（3）复合绝缘套管材质与规格。复合绝缘套管由硅橡胶伞裙、环氧玻璃钢管和金属法兰构成；绝缘套管材料应具有高机械强度、低介电损耗和抗老化特性；外绝缘材质宜选用硅橡胶，伞裙结构宜选用不等径大小伞。

绝缘套管应具有防水结构，有良好的密封性能。

硅橡胶外套应设计有足够的机械强度、绝缘强度和刚度；绝缘及其装配件的结构应保证其任何部分因热胀冷缩引起的应力不至于导致结构损伤。复合绝缘套管外形如图 B-7 所示。

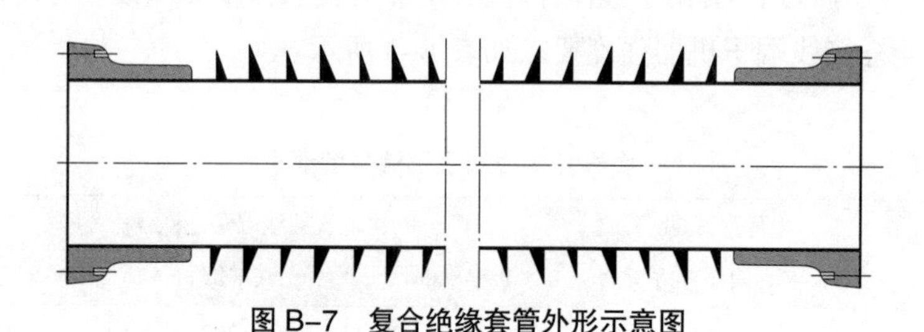

图 B-7　复合绝缘套管外形示意图

（4）复合绝缘套管绝缘参数。

支柱式绝缘套管技术参数如表 B-6 所示。

表 B-6　支柱式绝缘套管技术参数

套管材质	硅橡胶或复合绝缘材料
伞裙结构	大小伞
外绝缘最小爬电距离（mm）（K_d 为直径系数，平均直径不小于 300mm，$K_d=1.1$；平均直径大于 500mm，$K_d=1.2$）	$\geqslant 3150 \times K_d$
爬电距离 / 干弧距离（mm）	$\leqslant 4.0$

伞裙设计满足国标 GB/T 20840.8—2007《互感器　第 8 部分　电子式电流互感器》4.3.2、6.1.1.4 及附录 F 的相关规定。

海拔超过 1000m 使用的绝缘子套管，应通过额定耐受电压乘设备运行地点的海拔修正系数来确定标准大气条件下的干弧距离。

对于不同污秽地区，外绝缘参数可根据客户要求作适当调整。

B.4.6　绝缘支撑件（如有）

互感器内部选用聚四氟乙烯、环氧绝缘板等绝缘支撑材料时，应不影响整机绝缘性能要求；如选用绝缘子，应满足相应绝缘要求。

B.4.7 均压环（如有）

如需安装应满足下列条件：

（1）均压环采用 1 系列铝合金材质，通常为圆环或圆弧状，通过铝合金支架固定于互感器高压端。

（2）均压环外观清洁，美观，表面光滑无毛刺、无变形、无棱角、无磕碰痕迹。

（3）均压环的紧固件应采用防锈材料。

B.4.8 底座构件

B.4.8.1 功能要求

底座起支撑固定作用，同时为采集器提供安装布置空间，可采用不锈钢、铝合金等材料，保证机械强度及防腐要求。底座构件布局图如图 B–8 所示。

B.4.8.2 技术要求

（1）采用高位布置，整机安装在支架上，在底座位置用螺栓与支架固定。绝缘子底座起支撑固定作用。

（2）底座材质应采用不锈钢、铝合金等材料，保证机械强度及防腐要求。

（3）金属件外露表面应根据需方要求着相应颜色，产品铭牌及端子应符合图样要求。

（4）所有端子及紧固件应采用防锈材料。

（5）除非磁性金属外，所有设备底座、法兰应采用热镀锌防腐，其他金属部件均应采用先进的防腐工艺。

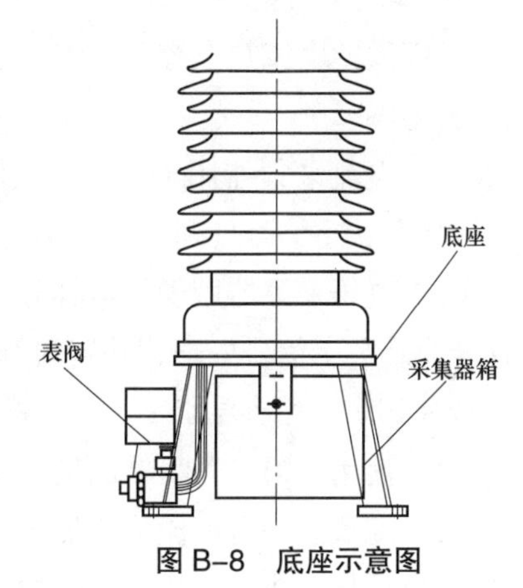

图 B–8 底座示意图

（6）支架安装板厚度建议不小于 20mm，底座安装孔尺寸如根据工程确定。

B.4.9 表阀

（1）密度继电器。气体绝缘电子式互感器密度继电器表计接头应选用防腐能力强的不锈钢、铜质材质。密度继电器结构形式为：

1）密度继电器可采用指针显示形式，其量程范围应满足 –0.1~0.9MPa；

2）可为充油或不充油结构；

3）防护等级为 IP65；

4）外卡可选用不锈钢材质；

5）分别对应正常压力、告警压力等应采用不同颜色区别显示；

6）密度继电器安装应倾斜一定角度，便于观察；

7）防雨罩，户外安装的密度继电器应设置防雨罩，密度继电器防雨箱（罩）应能将表、控制电缆接线端子一起放入，防止指示表、控制电缆接线盒和充放气接口进水受潮。

（2）充气接口。SF_6 电子式互感器应安装自封阀固定紧固件，以便于安装密度继电器表阀等。

（3）SF_6 气体。应选用气体纯度高、微水含量小等高指标的气体供应商；根据工程确定充气额定压力、告警压力等；气体泄漏率应小于 0.05%/a。

B.4.10 采集器

B.4.10.1 功能要求

罗氏线圈电流与电容分压组合互感器的采集器分为电流采集器与电压采集器两种类型。

（1）电流采集器用于将罗氏线圈转换的模拟电压信号进行信号调理、积分、AD 转换及数字信号处理，并转为符合规范要求的数字格式信号，通过光纤输出。

（2）电压采集器用于将电容分压器转换的模拟电压信号进行信号调理、积分、AD 转换及数字信号处理，并转为符合规范要求的数字格式信号，通过光纤输出。

B.4.10.2 技术要求

（1）使用年限。采集器的使用年限应不低于 10 年。

（2）配置。一台电流采集器内可配置不止一块采集模块；电压采集器一般只配置一块采集模块。电流采集模块宜采用便于维护的插拔式结构，以插件方式配置在电流采集器中，互感器数据可以通过电流采集器统一输出。

（3）安装位置。采集器布置于户外挂箱中，便于实现不停电维护。

（4）标准化设计。采集器采用模块化设计，输出接口统一，可整体更换，便于运维。

（5）IP 防护等级。装置的防护等级应满足表 B–7 要求。

表 B–7　外壳各部分防护要求

部位	面板	侧板	上下底板	背板
防护等级	≥ IP54	≥ IP30	≥ IP30	≥ IP20

（6）装置电源。采集器采用直流 110V/220V 电源供电，电源接口参数如表 B–8 所示。

表 B–8 电源接口参数

额定电压	DC 220V/DC110V
允许偏差	–20% ~+15%
纹波系数	不大于 5%

采集器的电源模块应为满足现场运行环境的工业级产品，电源端口必须设置过电压保护或浪涌保护器件。

（7）状态监测。采集器应具有完善的自诊断功能，能判断装置异常状态，并置数据无效标志，应能保证在电源中断、电源电压异常、采集模块异常、通信中断、通信异常、装置内部异常等情况下不误输出；能输出自检信息，包括采集模块状态、电源状态、故障信息等信号输出；采样数据的品质标志应实时反映自检状态，不应附加延时或展宽。

电流采集器宜具备主动告警功能，在装置尚能正常运行且装置状态有不良趋势时，监测到关键状态量接近无效阈值前主动发出告警，便于用户提前安排运维措施。

全光纤一次电流传感器对应的电流采集器中，若通过单套电流采集模块实现双 AD 功能，需有完善的监控及告警措施，避免因共用光学器件运行异常或受干扰导致双 AD 输出数据同时异常，引起保护误动或拒动。

（8）断电重启要求。采集器因电源中断造成输出中止的特定情况下，数字量输出应为无效；随着采集器电源恢复，互感器应自动恢复运行。

（9）采样率要求。为降低采样延时，提高采样品质，采集器应以 12.8kSa/s 的采样频率实时输出数据。

（10）行波测距应用要求（如有）。为满足行波测距需求，采集器需有至少 1MHz 以上的采样能力，并具有波形记录及上传功能，采样保持时间故障前 5ms、故障后 10ms，数据格式为 COMTRADE 格式；采集器需进行对时，对时接口可采用光 B 码或 IEEE 61588，对时精度优于 1μs；采用光纤以太网传输数据。

行波测距所需的采样功能宜通过独立的采集器实现，也可集成到原有采集器中。

（11）接地及产品安全设计。采集器的不带电金属部分应在电气上连成一体，并具备可靠接地点，接地端子旁需标有明显的接地符号。

采集器应有安全标志，安全标志应符合规定。

（12）防锈蚀。采集器金属结构件应有防锈蚀措施。

（13）空气开关及电源电缆。

1）采集器应配置独立直流空气开关，不得选用交、直流一体空气开关。

2）电源电缆一侧与采集器连接，另一侧与户外挂箱内直流空气开关连接，为采集器提供直流电源。

3）采集器电源可以单配或双配。

采集器电源单配时，每台采集器配置 1 根 $2\times1.5mm^2$ 的电缆，双重化配置时双套采集器分别配置 1 根电缆。

采集器电源双配时，每台采集器配置 2 根 $2\times1.5mm^2$ 的电缆；双重化配置时双套采集器可以共用电缆。

4）户外传输电缆在铺放的全程中需由铠装或波纹管保护。

5）电源接线严禁线芯外露，应能防止误触电。接线电缆布置整齐，无松动、无损坏。

B.4.10.3　装置接口

采集器通过光纤输出电流、电压数据。

保护及测控自动化用采集器提供数字化实时采样数据，行波测距用采集器提供暂态录波文件，分别采用不同的输出接口。

（1）采集器与保护及测控自动化设备的通信接口。

1）物理接口。采集器输出数据接口如表 B-9 所示。

表 B-9　　采集器数据输出接口

端口数量	≥ 4
光纤类型	62.5/125μm 多模光纤
工作波长	1310nm
传输距离	小于 1000m
接口类型	LC
数据采样率	12.8kSa/s
数据传输速率	100Mbit/s
通道抗干扰	通道之间采用隔离措施保证无串扰
光纤冗余备用	≥ 1

注　对于电流互感器，可按采集模块配置光口，每个采集模块配置不少于 4 个光口，每个光口可输出双 AD 或单 AD 数据。

2）通信协议。互感器与就地模块之间的数据传输协议应标准、统一。

互感器输出数据采用 IEC 61850-9-2LE 标准，数据集定义如表 B-10、表 B-11 所示。

表 B-10　　　　数据集（三相电流电压）定义

<table>
<tr><th>数据集</th><th colspan="2">长度（位）</th><th>定义</th><th>备注</th></tr>
<tr><td>额定延时</td><td colspan="2">16</td><td>额定延时</td><td>采集器额定延迟时间</td></tr>
<tr><td>数据类型</td><td colspan="2">16</td><td></td><td>单相电流单 AD、单相电流双 AD、单相电压、单相电流电压、三相电流、三相电压、三相电流电压</td></tr>
<tr><td>额定电流</td><td colspan="2">16</td><td></td><td>无额定电流时填“1”</td></tr>
<tr><td>额定电压</td><td colspan="2">16</td><td></td><td>单相电流、三相电流时填“1”</td></tr>
<tr><td rowspan="18">采样值</td><td colspan="2">32</td><td>保护电流 A1</td><td rowspan="12">Int32，bit31 符号位，1 L_{sb}=1mA；单相电流时只填保护电流 A1、保护电流 A2 和测量电流 A</td></tr>
<tr><td rowspan="3">品质位（32）</td><td>16</td><td>保护电流 A1 状态字（定义见表 13）</td></tr>
<tr><td>8</td><td>状态序号（用于状态监测量分时上送）</td></tr>
<tr><td>8</td><td>状态监测量</td></tr>
<tr><td colspan="2">64</td><td>保护电流 A2（包括品质位）</td></tr>
<tr><td colspan="2">64</td><td>测量电流 A（包括品质位）</td></tr>
<tr><td colspan="2">64</td><td>保护电流 B1（包括品质位）</td></tr>
<tr><td colspan="2">64</td><td>保护电流 B2（包括品质位）</td></tr>
<tr><td colspan="2">64</td><td>测量电流 B（包括品质位）</td></tr>
<tr><td colspan="2">64</td><td>保护电流 C1（包括品质位）</td></tr>
<tr><td colspan="2">64</td><td>保护电流 C2（包括品质位）</td></tr>
<tr><td colspan="2">64</td><td>测量电流 C（包括品质位）</td></tr>
<tr><td colspan="2">64</td><td>保护电压 A1（包括品质位）</td><td rowspan="6">Int32，bit31 符号位，1 L_{sb}=10mV；单相电压时只填保护电压 A1、保护电压 A2</td></tr>
<tr><td colspan="2">64</td><td>保护电压 A2（包括品质位）</td></tr>
<tr><td colspan="2">64</td><td>保护电压 B1（包括品质位）</td></tr>
<tr><td colspan="2">64</td><td>保护电压 B2（包括品质位）</td></tr>
<tr><td colspan="2">64</td><td>保护电压 C1（包括品质位）</td></tr>
<tr><td colspan="2">64</td><td>保护电压 C2（包括品质位）</td></tr>
</table>

（2）采集器与行波测距子站的通信接口（如有）。行波测距用采集器通过变电站站控层网络方式输出数据到行波测距子站，数据以文件方式传输，接口如表 B-12 所示。

表 B-11　　电流装置状态字定义（示例）

bit15	bit14	bit13	bit12
数据状态	装置电源异常	模拟电源异常	数字电源异常
bit11	bit10	bit9	bit8
AD 采样异常	光路异常	光源异常	采集器温度异常
bit7	bit6	bit5	bit4
备用	备用	备用	备用
bit3	bit2	bit1	bit0
备用	备用	备用	备用

注　“0”：数据有效、状态正常或无该状态监测，“1”：数据无效或状态异常。

表 B-12　　采集器和行波测距子站之间的接口（如有）

传输介质	光纤以太网
端口数量	1
光纤类型	62.5/125μm 多模光纤
工作波长	1310nm
传输距离	小于 1000m
接口类型	LC
数据传输速率	1000Mbit/s
文件格式	COMTRADE
录波时长	故障前 5ms，故障后 10ms

B.4.11　电子式互感器就地模块

B.4.11.1　功能要求

电子式互感器电压电流就地模块通过光纤接收本间隔电子式互感器采集器输出的电流、电压及告警信号，将其进行合并及差值同步，然后按照 IEC 61850-9-2 协议由光纤传输至相应的测控、计量单元上。

（1）适用于各电压等级的电子式电压、电流互感器的线路、母联、分段、桥、主变压器各侧（不含间隙零序）等间隔，安装于间隔汇控柜。

（2）应具备 3 路电压、6 路电流的数字量接入功能，宜采用 IEC 61850-9-2 数据格式接入，输入的采样频率为 12.8kSa/s。

（3）采集的模拟量数据转换为实际二次值 $\times 10^4$ 数字量输出，输出采样频率为 4kHz。

（4）应具备检修软压板功能，检修压板的操作在站内操作员工作站或调度工作站完成，通过测控子机下发开关量控制命令，工作站与测控子机的控制命令应采用增强安全的操作前选择控制模式。当检修投入时，上送报文中置检修位。

（5）应具备2路冗余的光纤接口，实现母线电压的级联功能，并实现自动切换功能。

（6）应具备根据所在母线的隔离开关位置，自动切换母线电压。

（7）应具备2路光纤网口，与其他就地模块首尾连接组成HSR环，HSR通信报文的应用层数据采用DL/T 860.92（IEC 61850-9-2）规定的模拟量报文及DL/T 860.92（IEC 61850-8-1）规定的开关量报文格式输出信息至HSR环并从环内接收开关量控制命令，输出及输入信息如表B-13~表B-17所示。

表B-13　开关量接收信号

序号	信号名称	备注
1	检修压板	—

表B-14　开关量输出信号

序号	信号名称	备注
1	自检信息1	—
2	自检信息2	—
…	…	

表B-15　母线电压模拟量输入信号

序号	信号名称	备注
1	$U_{\mathrm{I}a}$	—
2	$U_{\mathrm{I}b}$	—
3	$U_{\mathrm{I}c}$	
4	$U_{\mathrm{II}a}$	
5	$U_{\mathrm{II}b}$	
6	$U_{\mathrm{II}c}$	
7	$U_{\mathrm{III}a}$	
8	$U_{\mathrm{III}b}$	
9	$U_{\mathrm{III}c}$	

表 B-16　　线路电压电流输入信号

序号	信号名称	备注
1	U_a	—
2	U_b	—
3	U_c	
4	I_{a1}	
	I_{a2}	
5	I_{b1}	
	I_{b2}	
6	I_{c1}	
	I_{c2}	

表 B-17　　模拟量输出信号

序号	信号名称	备注
1	U_a	—
2	U_b	—
3	U_c	
4	U_X	
5	I_{a1}	
	I_{a2}	
6	I_{b1}	
	I_{b2}	
7	I_{c1} I_{c2}	

（8）应具备守时功能。

（9）应具备完善的自检功能，包含且不限于程序自检、电源自检、内部温度采集、光纤网口光强监视、网口断链、光纤串口光强监视、光纤串口中断等自检功能。

B.4.11.2　规格尺寸

连接器线芯规格及数量如表 B-18 所示。

B.4.11.3　技术要求

（1）配置方案。

1）互感器非双重化配置时，每个间隔配置 1 台测控用电压电流就地模块，采集电流数据；

表B–18 电压电流就地模块连接器

序号	项目	电源	光纤口1（HSR）	光纤口2（HSR）	光纤口3~4（级联）	光纤口5~8（数据接收）
1	导线截面积（mm^2）	1.5	芯径：多模 62.5μm	芯径：多模 62.5μm	芯径：多模 62.5μm	芯径：多模 62.5μm
2	连接器芯数	2	2	2	2	2

2）互感器双重化配置时，互感器分别输出A、B套数据，每个间隔只配置1台测控用电压电流就地模块，采集A套电流数据；

3）如互感器数据经就地模块输出至保护装置，则每个间隔配置1台保护用就地模块（非双重化）或2台保护用就地模块（双重化）。

（2）时间性能参数。

1）装置对时精度不大于 ±1μs；

2）装置采样响应时间不大于1ms；

3）输出采样值发布离散值不大于10μs；

4）在失去同步时钟信号5s以内的守时误差应小于4μs。

（3）功率消耗。直流电源回路：当正常工作时，装置功率消耗不大于20W。

B.4.11.4 装置接口

（1）与电子式电压、电流互感器的接口。

1）采用光纤接入电压 U_a、U_b、U_c；

2）测量电流 I_{a1}、I_{a2}、I_{b1}、I_{b2}、I_{c1}、I_{c2}。

（2）与母线电压就地模块的接口。

1）采用光纤级联母线电压就地模块的Ⅰ母电压 U_a、U_b、U_c；Ⅱ母电压 U_a、U_b、U_c；Ⅲ母电压 U_a、U_b、U_c。

2）当间隔分布在Ⅰ母和Ⅱ母时，取Ⅰ母、Ⅱ母电压，当间隔分布在Ⅱ母、Ⅲ母时，取Ⅱ母、Ⅲ母电压。

（3）与HSR环其他就地模块或装置的接口。采用两路光纤接口连接至HSR环，通过HSR环传输电压、电流互感器数据、就地模块自检等信息至测控子机，并接收测控子机下发的控制命令。

（4）与间隔隔离开关的接口。通过HSR环接收间隔隔离开关位置信息，实现电压切换功能。

B.4.12　传输电缆

传输电缆主要用于将一次电压传感器传变模拟电压信号传输到电压采集器中，应具有抗电磁干扰防护设计，保证模拟信号传输精度。具有应满足以下要求：

（1）信号电缆推荐采用电磁防护性能优良的双层屏蔽电缆，电缆的屏蔽层可靠接地。每个一次电压传感器采用一个独立的双层屏蔽电缆。

（2）一次电压传感器与信号电缆连接应可靠，推荐采用工艺焊接或通过环氧接线盘螺栓紧固。

（3）信号电缆的传输距离应尽量短，避免长距离传输模拟小信号。

（4）信号电缆应具备电磁防护要求，接口为航空插头加螺纹紧固，线缆为5芯。

（5）信号电缆应满足IP55级防护要求。

B.4.13　户外挂箱

（1）每相配置一个户外挂箱，每个户外挂箱内可放置多台电流、电压采集器。多套采集器间应有合理的隔离防误碰触结构设计，每台采集器的运维过程不影响其他采集器的运行。

（2）户外挂箱通常通过U型报箍挂装于支柱式互感器的支架上，如图B–9所示。挂箱中心位置悬挂高度宜为1.5m。

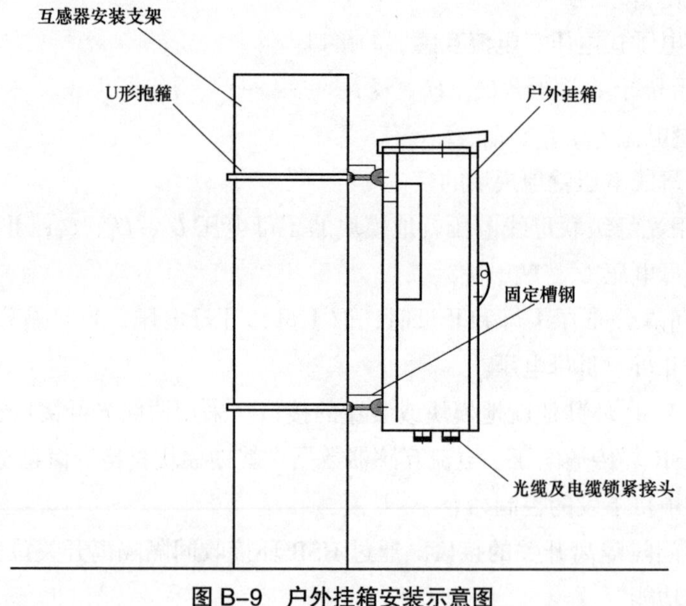

图B–9　户外挂箱安装示意图

（3）户外挂箱内设备应采用嵌入式或半嵌入式安装和背后接线。

（4）箱体应采用加厚的不锈钢外壳，选用双层密封结构，满足 IP65 防护等级。

（5）挂箱的光缆及电缆锁紧接头置于户外挂箱底部，并进行合理的密封设计。

（6）户外挂箱应有合理的散热设计，需确保采集器正常运行。

（7）内部配线的额定电压为 1000V，应采用防潮隔热和防火的交联聚乙烯绝缘铜绞线，其最小等效截面积不小于 1.5mm^2。

（8）箱内导线应无划痕和损伤。所有连接于端子排的内部配线，应以标志条和有标志的线套加以识别。

B.5　一 次 接 口

B.5.1　通流母排接口

（1）一次接线端子板应能耐受额定动稳定电流和热稳定电流。

（2）接线端子板应能耐受 1.2 倍额定电流而不超过允许温升。

（3）接线板材质为铝合金，表面镀银且平滑无划痕。

（4）接线板为水平平板，接线板的方向应与导电臂方向一致。

（5）接线板端子结构为平板式，开孔数量需保证连接可靠。其适应范围如表 B-19 所示。

表 B-19　　一次接线端子板

序 号	一次接线端子板	适应范围（A）
1	40 50 50 40; 30 50 50 30; 9−ϕ18	额定电流 3150~4000
2	40 50 50 40; 30 50 30; 6−ϕ18	额定电流 2000~2500

续表

序 号	一次接线端子板	适应范围（A）
3	40 50 40 30 50 30 4–ϕ18	额定电流 630~1600

B.6 二 次 接 口

二次接口标准包括采集器与就地模块通信接口、采集器与、电源接口等接口标准。

B.6.1 二次接线拓扑图

双重化配置条件下，支柱式光学电流电容分压组合互感器的二次系统接线拓扑如图 B-10 所示。

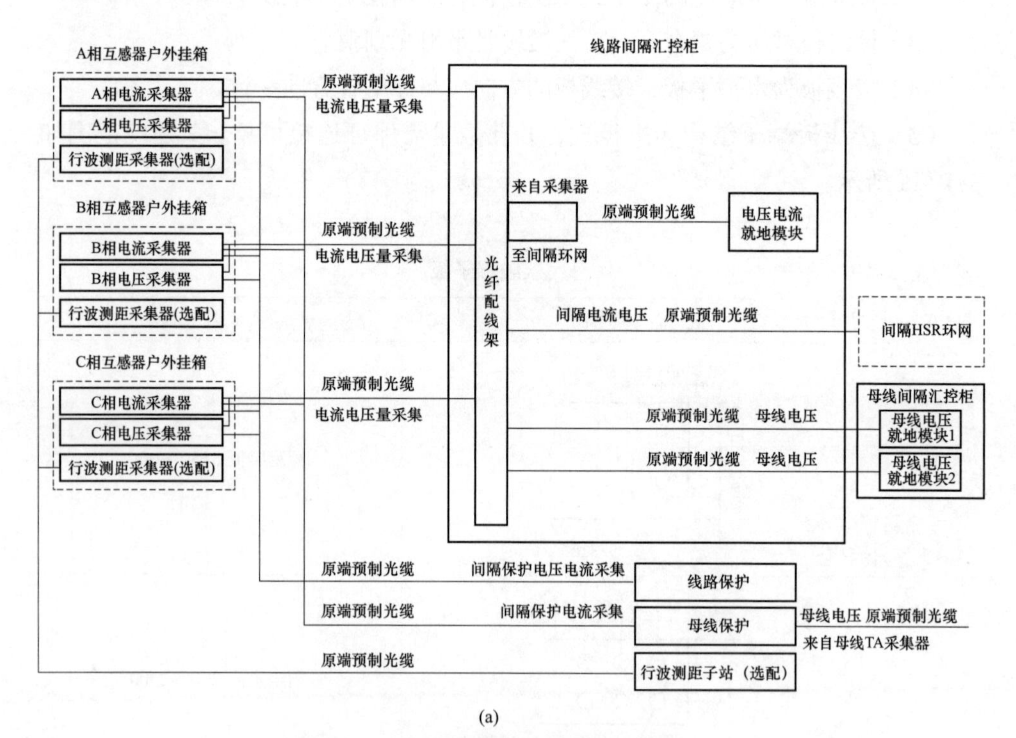

(a)

图 B-10 电子式互感器二次接线拓扑图（一）

(a) 采集器与保护直连

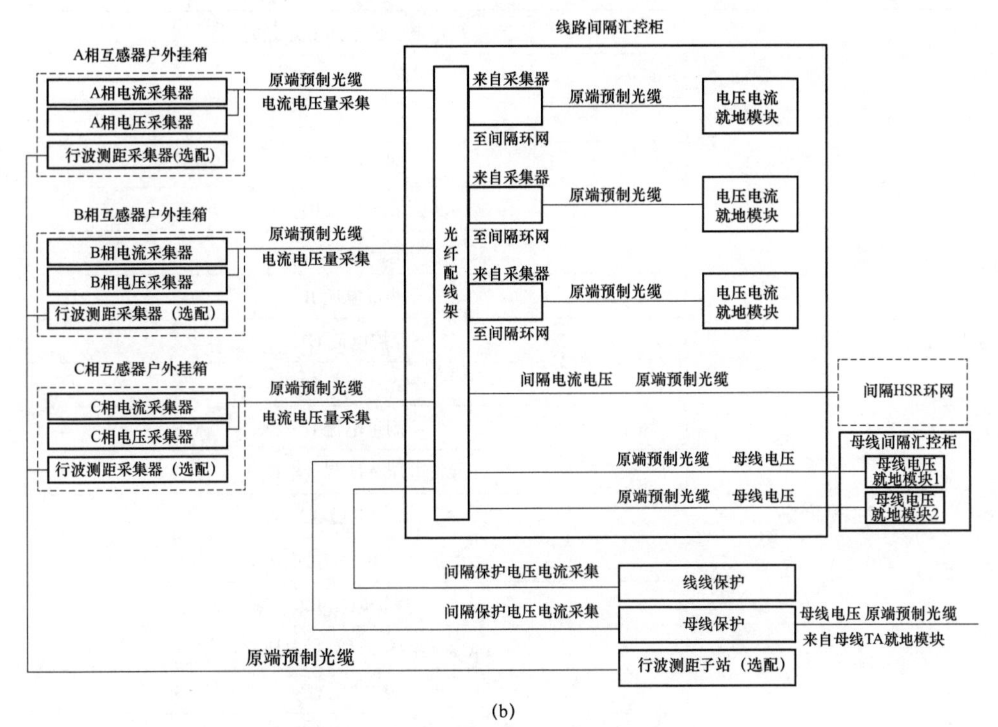

(b)

图 B-10　电子式互感器二次接线拓扑图（二）

(b) 采集器通过就地模块与保护连接

B.6.2　与外部系统接口

（1）与测控等自动化系统接口。通过就地模块接入间隔 HSR 环网与测控、计量、PMU、电能质量等自动化系统接口，按照 IEC 61850-9-2 协议上送，就地模块输出信号如表 B-20 所示。

（2）与保护系统接口。电子式互感器采集模块分别独立接入线路保护、母线保护，保证各子系统运维时不影响其他功能。工程中采集器接入保护支持两个方案。

方案 1：采集器直接接入保护系统。

方案 2：采集器经就地模块接入保护系统，就地模块通过 HSR 网口输出数据至保护装置。

表 B-20　与测控等自动化系统接口信号

模拟量信号	线路电流、电压额定延时
	保护电流 A1
	保护电流 A2
	测量电流 A
	保护电流 B1
	保护电流 B2
	测量电流 B
	保护电流 C1
	保护电流 C2
	测量电流 C
	保护电压 A1/ 测量电压 A
	保护电压 A2
	保护电压 B1/ 测量电压 B
	保护电压 B2
	保护电压 C1/ 测量电压 C
	保护电压 C2
	母线电压额定延时
	保护电压 A1/ 测量电压 A
	保护电压 A2
	保护电压 B1/ 测量电压 B
	保护电压 B2
	保护电压 C1/ 测量电压 C
	保护电压 C2

B.7 土建接口

B.7.1 支架

支柱式互感器支架采用钢管杆，支架顶部连接互感器绝缘子底座构件，底部与土建接口连接。

顶封板螺孔中心距离及螺孔大小同电气一次要求，钢管杆颜色为银灰色，每个支架应有两个接地点，接地点高度与其他设备接地点一致。支架具体管径大小应根据规范要求计算确定。

（1）支架顶部接口。顶部与互感器绝缘子底座构件的结构尺寸保持一致。

（2）支架底部接口。支架安装板厚度不小于20mm，连接紧固件 8 个，规格 M20×80，接口尺寸如图 B-11 所示。

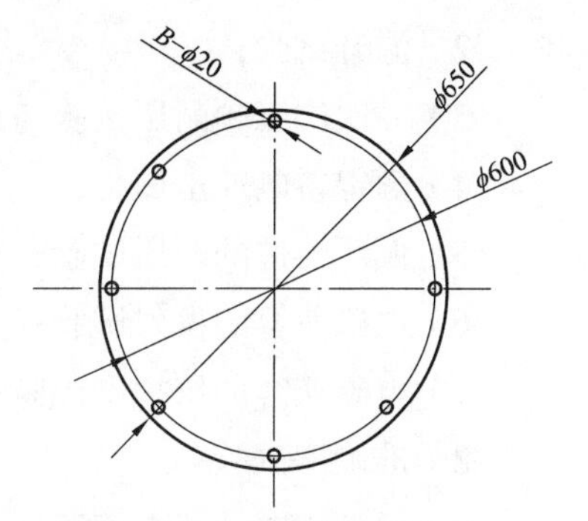

图 B-11　支架底部接口尺寸

B.7.2　支架安装基础

独立安装的电子式互感器支架采用钢管杆，顶封板螺孔中心距离及螺孔大小同电气一次要求，钢管杆颜色为银灰色，每个支架应有两个接地点，接地点高度与其他设备接地点一致。支架具体管径大小应根据规范要求计算确定。

基础支架安装板厚度不小于 20mm，连接紧固件规格 M20×80，接口尺寸如图 B-12 所示。

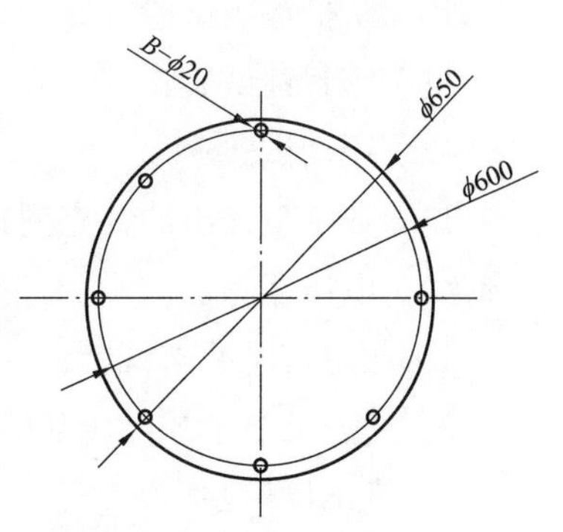

图 B-12　土建安装接口尺寸

B.7.3　接地要求

（1）接地连接螺栓应使用两条以上直径不小于 8mm 热镀锌螺栓，加防松装置（弹簧垫、螺帽）拧紧连接。

（2）接地接触表面平整，接地线截面积、接地接触面面积足够。

（3）接地处旁标有明显的接地符号。土建接口标准包括支架安装基础、户外柜基础等接口标准。

B.8　试　　验

B.8.1　型式试验

互感器应送往有资质的检验单位进行型式试验，试验应符合 GB/T 20840.1—2010、GB/T 20840.8—2007 和 GB/T 20840.7—2007 所规定的试验项目、试验方法和试验步骤。型式试验的项目应包括（但不限于此）：

（1）电流互感器。

1）短时电流试验；

2）温升试验；

3）一次端工频耐压试验与局放；

4）额定雷电冲击试验；

5）低压器件的耐压试验；

6）电磁兼容的发射试验；

7）电磁兼容的抗扰度试验；

8）准确度试验；

9）保护用电子式电流互感器补充试验；

10）防护等级试验；

11）密封性试验；

12）振动试验；

13）数字量输出的补充型式试验。

（2）电压互感器。

1）额定雷电冲击试验；

2）户外型电子式电压互感器的湿试验；

3）准确度试验；

4）异常条件耐受能力试验；

5）无线电干扰电压试验；

6）电磁兼容的发射试验；

7）电磁兼容的抗扰度试验；

8）低压器件的冲击耐压试验；

9）暂态性能试验。

B.8.2 性能检测试验

互感器应送往有资质的检验单位进行性能检测试验，试验应符合《国家电网公司电子式互感器性能检测方案（2014）》所规定的试验项目、试验方法和试验步骤。试验的项目应包括（但不限于此）：

（1）电流互感器。

1）准确度测试；

2）复合误差测试；

3）一次端的工频耐压测试；

4）额定雷电冲击试验和截断雷电冲击测试；

5）短时电流测试；

6）电磁兼容的发射测试；

7）电磁兼容的抗扰度测试；

8）隔离开关分合容性小电流条件下的抗扰度测试；

9）可靠性评估；

10）报文检验；

11）一次端的工频耐压测试（复试）；

12）基本准确度测试（复试）；

13）双 AD 一致性验证；

14）额定延时测试；

15）拖尾电流测试；

16）输出直流分量测试 ；

17）光纤绝缘子与界面可靠性测试（若光纤绝缘子厂家可提供该测试报告，该项目可不测试）。

（2）电压互感器。

1）准确度测试；

2）告警压力准确度；

3）一次电压端的工频耐压测试；

4）额定雷电冲击测试和一次端的截断雷电冲击测试；

5）电磁兼容的发射测试；

6）电磁兼容的抗扰度测试；

7）隔离开关分合容性小电流条件下的抗扰度测试；

8）可靠性评估；

9）基本准确度（复试）；

10）采集器报文检验；

11）双 AD 一致性测试；

12）额定延时测试；

13）输出光功率测试。

B.8.3　例行试验

对电子式互感器，应提供出厂试验报告。试验应符合 GB/T 20840.1—2010、GB/T 20840.7—2007 和 GB/T 20840.8—2007 所规定的试验项目、试验方法和试验步骤。例行试验项目包括（但不限于此）：

1）外观检查；

2）极性检查和端子标志校核；

3）一次端的工频耐压试验；

4）局部放电试验；

5）准确度试验；

6）低压器件的工频耐压试验；

7）电容量和介质损耗因数测量；

8）密封性试验（如有）；

9）微水。

B.8.4 交接试验

电子式互感器应接受以下现场交接试验（但不限于此）：

1）极性检查和端子标志校核；

2）工频耐压试验；

3）准确度试验；

4）外绝缘爬电距离及干弧距离测量并计算比值；

5）密封性试验（如有）。

交接试验所用必要设备（包括升流器、升压器、标准电流互感器、标准电压互感器、电子式互感器校验仪等）需由业主方配备。

附录C　外置式光学电子式电流互感器

C.1　典型结构

C.1.1　总体结构

外置式光学电子式电流互感器基于法拉第（Faraday）效应测量一次电流，适用于各电压等级AIS敞开式、GIS气体绝缘式变电站，需与气体绝缘组合电器、进出线套管、穿墙套管、高压电缆等设备组装并配套使用，其典型结构如图C–1、图C–2所示，主要部件包括一次传感器、采集器等。采集器输出数字信号通过光纤连接到电子式互感器电流电压就地模块或保护装置中。

一次传感器位于地电位，且套装于设备的壳体外；传输光缆将一次传感器的光信号传输至采集器；采集器对一次传感器的光信号进行数据处理并输出，采集器置于户外柜、间隔汇控柜内；电子式互感器电流电压就地模块通过通信光缆接收采集器发送的电流信息并接入HSR环网，就地模块置于间隔汇控柜内。

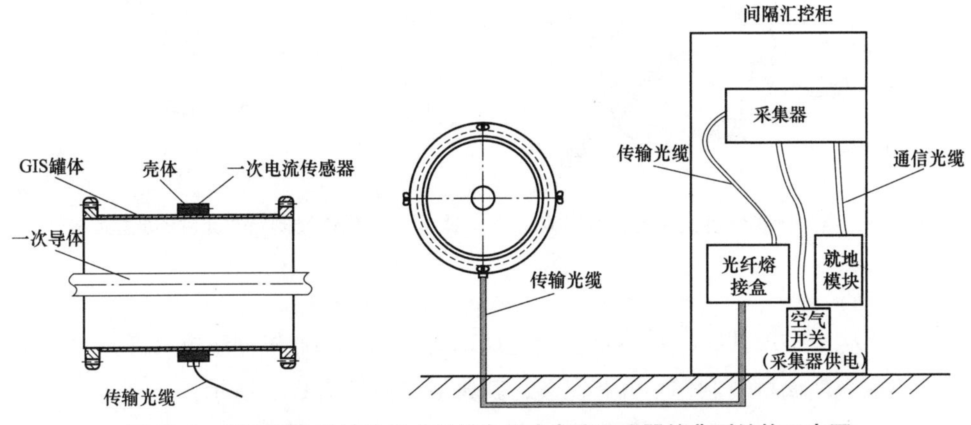

图C–1　GIS罐体处的外置式光学电子式电流互感器的典型结构示意图

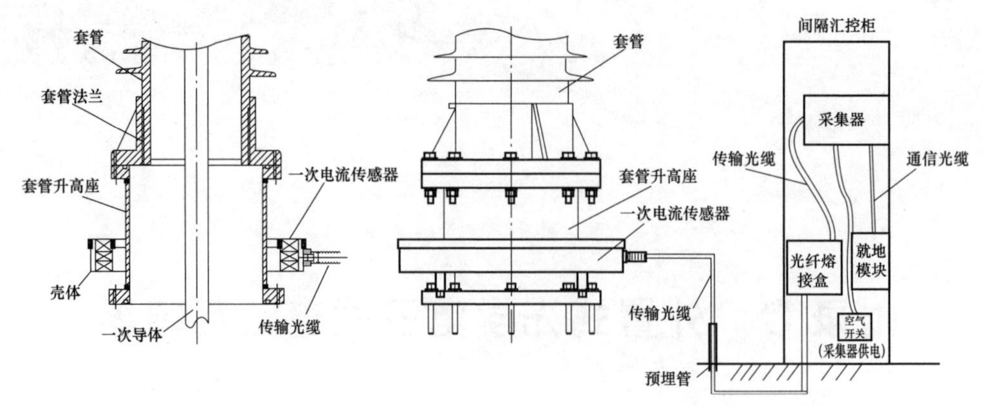

图 C-2　进、出线套管处的外置式光学电子式互感器结构示意图

C.1.2　一次传感器

根据电流传感元件和实现方案的不同，一次传感器可分为三类：

（1）全光纤式一次传感器。全光纤式一次传感器采用传感光纤及配套的光纤器件组成传感元件，典型结构如图 C-3 所示。

（2）晶体光阀式一次传感器。晶体光阀式一次传感器采用磁化方向相反的磁筹结构晶体材料作为传感部件，其典型结构如图 C-4 所示。

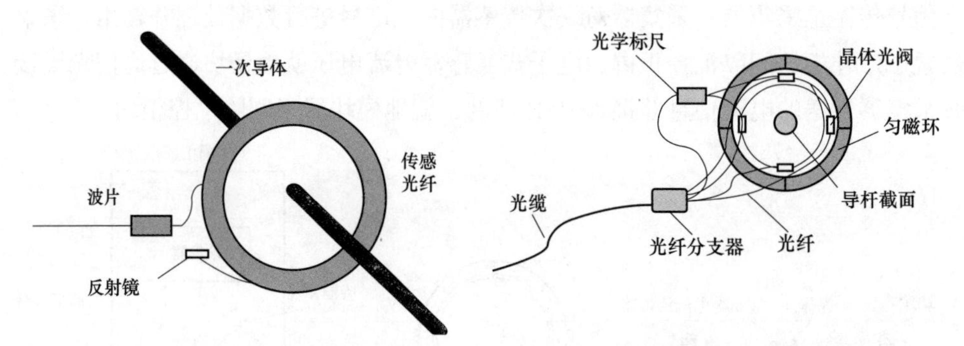

图 C-3　全光纤式传感元件的典型结构　　图 C-4　晶体光阀传感元件的典型结构

（3）磁光玻璃式一次传感器。磁光玻璃式一次传感器根据法拉第磁光效应和法拉第磁光玻璃材料制作，分布安装，其典型结构如图 C-5 所示。

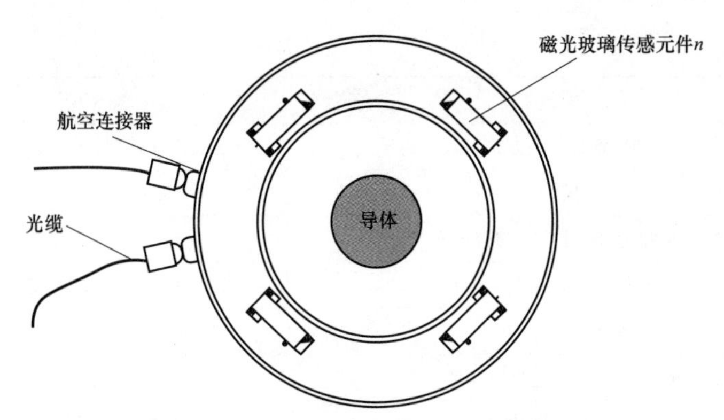

图 C–5　磁光玻璃传感元件的典型结构

C.2 设备参数

C.2.1　关键参数索引

外置式光学电子式电流互感器参数索引如表 C–1 所示。

表 C–1　外置式光学电子式电流互感器参数索引表

序号	电压等级（kV）	额定电流（A）	一次传感器类型
1	750 及以下	根据工程需求选择	全光纤光学
2	750 及以下	根据工程需求选择	晶体光阀光学
3	750 及以下	根据工程需求选择	磁光玻璃光学

C.2.2　技术参数

外置式光学电子式电流互感器技术参数如表 C–2 所示。

表 C–2　外置式光学电子式电流互感器技术参数

序号	项目	典型值
1	型式或型号	户外 / 户内、单相、电子式电流互感器
2	一次传感器原理	全光纤 / 晶体光阀 / 磁光玻璃
3	一次传感器数量（个 / 相）	1/2/4
4	每个传感器 A/D 个数	1/2
5	采集器获取能量方式	直流供电

续表

<table>
<tr><th>序号</th><th colspan="2">项目</th><th colspan="3">典型值</th></tr>
<tr><td>6</td><td colspan="2">采集器安装方式</td><td colspan="3">户外就地 / 户内组屏</td></tr>
<tr><td>7</td><td colspan="2">极性</td><td colspan="3">减极性（正极性）</td></tr>
<tr><td>8</td><td colspan="2">额定电压（kV 方均根值）</td><td colspan="3">750 及以下</td></tr>
<tr><td>9</td><td colspan="2">额定一次电流 I_{1n}（A）</td><td colspan="3">根据工程需求选择</td></tr>
<tr><td>10</td><td colspan="2">额定频率（Hz）</td><td colspan="3">50</td></tr>
<tr><td>11</td><td colspan="2">额定扩大一次电流值（%）</td><td colspan="3">120</td></tr>
<tr><td>12</td><td colspan="2">采集器输出</td><td colspan="3">测量、计量、保护</td></tr>
<tr><td rowspan="2">13</td><td colspan="2" rowspan="2">准确级</td><td>测量、计量</td><td>AD1（保护 1）</td><td>AD2（保护 2）</td></tr>
<tr><td>0.5*</td><td>5TPE</td><td>5TPE</td></tr>
<tr><td>14</td><td colspan="2">电流准确限值系数</td><td colspan="3">20/30/40（根据工程计算选取）</td></tr>
<tr><td>15</td><td colspan="2">对称短路电流倍数 K_{ssc}</td><td colspan="3">15/20/30（根据工程计算选取）</td></tr>
<tr><td>16</td><td colspan="2">额定一次时间常数（ms）</td><td colspan="3">120</td></tr>
<tr><td>17</td><td colspan="2">电流谐波准确度</td><td colspan="3">参见 GB/T 20840.8 附录 C5.1</td></tr>
<tr><td>18</td><td colspan="2">额定延迟时间（t_{dr}）</td><td colspan="3">≤ 190μs（不含就地模块）</td></tr>
<tr><td>19</td><td colspan="2">采样频率（kSa/s）</td><td colspan="3">12.8（不含就地模块）</td></tr>
<tr><td rowspan="2">20</td><td rowspan="2">暂态特性</td><td>唤醒时间（s）</td><td colspan="3">0</td></tr>
<tr><td>暂态电流衰减时间常数（ms）</td><td colspan="3">≥ 100</td></tr>
<tr><td>21</td><td colspan="2">振动影响</td><td colspan="3">参见 GB/T 20840.8 8.13</td></tr>
<tr><td rowspan="2">22</td><td rowspan="2">低压元器件</td><td>冲击耐压（kV）</td><td colspan="3">5</td></tr>
<tr><td>工频耐压（kV）</td><td colspan="3">2</td></tr>
<tr><td rowspan="2">23</td><td rowspan="2">电磁兼容发射</td><td>电源端子骚扰电压测试</td><td colspan="3">A 级</td></tr>
<tr><td>电磁辐射骚扰测试</td><td colspan="3">A 级</td></tr>
<tr><td rowspan="10">24</td><td rowspan="10">电磁兼容抗扰度 **</td><td>电源慢变化抗扰度测试</td><td colspan="3">+20%~-20%，A 级</td></tr>
<tr><td>电压暂降和短时中断抗扰度测试</td><td colspan="3">50% 暂降 ×0.1s、中断 ×0.05s，A 级</td></tr>
<tr><td>浪涌（冲击）抗扰度测试</td><td colspan="3">4，A 级</td></tr>
<tr><td>电快速瞬变脉冲群抗扰度测试</td><td colspan="3">4，A 级</td></tr>
<tr><td>振荡波抗扰度测试</td><td colspan="3">3，A 级</td></tr>
<tr><td>工频磁场抗扰度测试</td><td colspan="3">5，A 级</td></tr>
<tr><td>脉冲磁场抗扰度测试</td><td colspan="3">5，A 级</td></tr>
<tr><td>阻尼振荡磁场抗扰度测试</td><td colspan="3">5，A 级</td></tr>
<tr><td>射频电磁场辐射抗扰度测试</td><td colspan="3">3，A 级</td></tr>
<tr><td>静电放电</td><td colspan="3">4，A 级</td></tr>
</table>

续表

序号	项目		典型值
25	温升限值	一次传感器（K）	75（环境最高温度40℃时）
		采集器（K）	50（环境最高温度40℃时）
		其他金属附件	不超过所靠近的材料限值
26	采集器工作电源	额定电压	DC 220V/110V
		允许偏差	-20%~+15%
		纹波系数	不大于5%
27	采集器功耗（W）		≤30
28	运输允许倾斜角度（°）		卧倒运输
29	一次传感器预期寿命（a）		30
30	采集器预期寿命（a）		10
31	平均无故障运行时间（h）		50000

* 数字计量系统的误差来源是电子式互感器，采用0.5级的电子式电流互感器和0.2级的电子式电压互感器组成的数字计量系统，其准确度等同于传统计量系统。

** 电磁兼容能力需满足通过隔离开关操作过电压耐受试验的要求。

C.2.3　产品配置表

外置式光学电子式电流互感器配置如表C-3所示。

表C-3　　互感器配置

序号	名称	配置
1	备品备件	
…	…	…

C.3　通用要求

C.3.1　型号定义

电子式互感器编号说明如图C-6所示。

电子式互感器型号示例如下：

例1：××LA-FO1-220，××公司生产的220kV支柱式光学电子式电流互感器，一次传感器类型为全光纤式，设计序列号1。

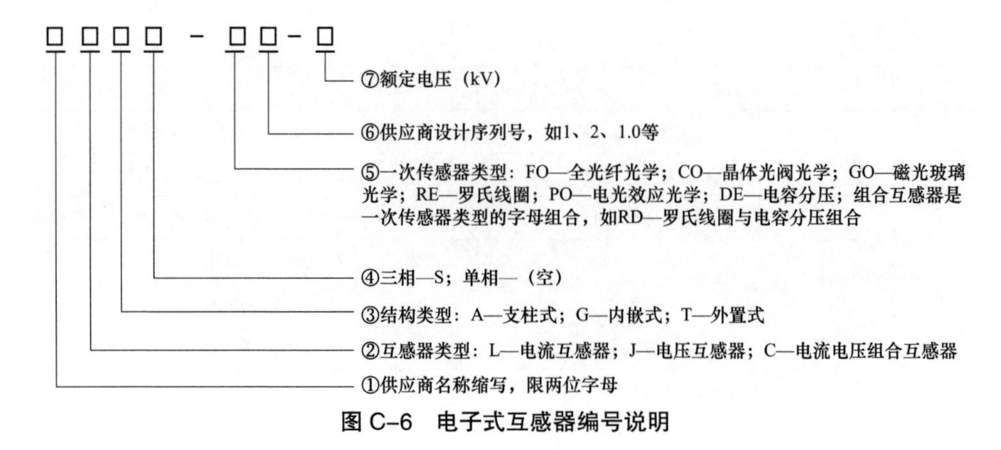

图 C-6　电子式互感器编号说明

例 2：××JG–DE2.0–500，×× 公司生产的 500kV 三相分箱结构的内嵌式电容分压电子式电压互感器，设计序列号 2.0。

例 3：××CGS–RD3.1–110，×× 公司生产的 110kV 三相共箱结构的内嵌式罗氏线圈与电容分压电子式电流电压组合互感器，设计序列号 3.1。

C.3.2　使用环境条件

外置式光学电子式电流互感器使用环境条件如表 C–4 所示，特殊环境要求根据项目情况进行编制。

表 C–4　使用环境条件表

序号	名　称		要求值
1	互感器本体运行温度（℃，户外）	日最高温度	55
		日最低温度	–40
		日最大温差	35
2	互感器本体运行温度（℃，户内）	日最高温度	45
		日最低温度	–5
		日最大温差	25
3	采集器运行温度（箱体内）	日最高温度	70
		日最低温度	–40
		日最大温差	25
4	最大相对湿度		≤ 95%（RH）
5	海拔（m）		≤ 1000

续表

序号	名　称		要求值
6	太阳辐射强度（W/cm^2）		0.1
7	最大覆冰厚度（mm）		10
8	最大风速（m/s）（离地面10m高10min平均最大风速）		35
9	大气压力（kPa）		66~105
10	抗震能力	水平加速度/垂直加速度（g）	0.3/0.15
		安全系数	1.67

C.3.3　模块化要求

（1）采集器模块化配置，便于更换。

（2）采集器布置于户外柜或间隔汇控柜中，位于地电位。

（3）双重化配置的采集器相互独立、更换一套采集器不影响另一套运行。

（4）在保证操作安全性的前提下，一次设备不停电条件下可进行采集器或传输光缆的维护更换。采集器更换后免校准条件下满足准确度要求。

（5）硬件、软件版本号在采集器外壳上明确标识。

（6）采集器软件升级应不使整机性能发生变化。

（7）互感器具备自诊断告警功能，在关键状态量接近无效阈值前应主动发出告警。

C.3.4　可靠性要求

（1）产品寿命的要求。一次传感器位于地电位，使用寿命应保证不少于30年；采集器使用寿命应保证不少于10年。

（2）元器件选型和筛选的要求。

1）互感器电子器件部分应具备高可靠性，所有芯片选用工业级以上微功率、宽温芯片；

2）对光源、相位调制器等主要光学器件，需提供可靠性试验报告；

3）装机光学器件需进行性能检测并提供筛选报告。

（3）装置运行可靠性要求。

1）采集器平均无故障时间（MTBF）大于50000h。

2）所有装置出厂前均需经老化过程。

3）互感器具备在线状态评估和故障日志功能。

（4）抗强电磁干扰要求。互感器应有较好的抗电磁干扰设计，电磁兼容均满足A级评价标准。

在隔离开关、断路器操作时，互感器输出波形应无明显畸变，无异常大点输出和通信异常。

（5）抗振动影响要求。互感器的输出，应在承受与其使用状态相应的振动水平时仍运行正确。互感器的不同部件可以承受不同的振动水平。

1）一次部件的振动。电子式电流互感器不通电流，操作断路器一个工作循环（分–合–分），要求整个操作过程及操作结束后10s内，互感器二次输出均方根值应不超过额定输出的3%，互感器输出波形应无明显畸变，无异常大点输出和通信异常。断路器共操作10个工作循环。

2）二次部件的振动。应满足GB/T 2423.10对正常使用条件下运行的二次部件的试验要求。

（6）双AD采样要求。互感器应具有保护数据双AD采样功能，双AD功能应是由两个独立的AD芯片分别完成。

采集器有两种方式实现双AD采样功能，分别如下：

1）采集器中只配置单套采集模块，由单套采集模块实现双AD功能。每套采集模块的电路系统应至少包含两路独立的保护用AD和一路测量/计量用AD，在准确度和特性满足要求的情况下，测量/计量用AD可与保护用AD共用，如图C–7所示。对于全光纤的一次传感器，双AD共用一套电流传感器及其光路系统，且每路AD需配置独立的调制DA。

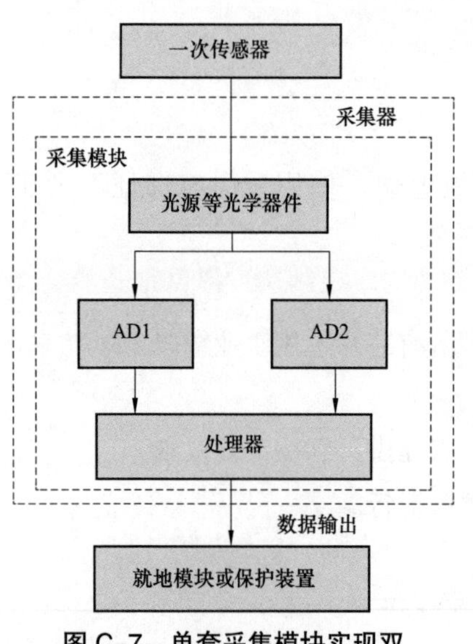

图C–7　单套采集模块实现双AD功能的配置示意图（非双重化）

2）采集器中配置双套采集模块，每套采集模块执行单AD采样，由双套采集模块组合后实现双AD功能。

每套电流采集模块的电路系统应至少包含一路独立的保护用AD和一路测量/计量用AD，在准确度和特性满足要求的情况下，测量/计量用AD可与保护用AD共用。对于全光纤的一次传感器，每路AD均有一套独立的电流传感器及其光路系统，双AD回路完全独立，每个采集模块可独立输出单AD数据，如图C–8所示。

（7）数据稳定性要求。

1）双 AD 数据一致性要求。为确保双 AD 数据的准确性，运行中互感器的双 AD 数据需满足如下的判定标准：$|I_{AD1}-I_{AD2}| \leqslant (0.25\times\min(|I_{AD1}|, |I_{AD2}|)+$ 固定门槛值），该门槛值通常为 0.1 倍额定电流。I_{AD1}、I_{AD2} 为双 AD 采样的电流瞬时值。

2）长期运行的数据稳定性。应保证长期运行过程中，误差满足准确级要求，且在参比条件下，误差变化不超过允许误差的 1/2。

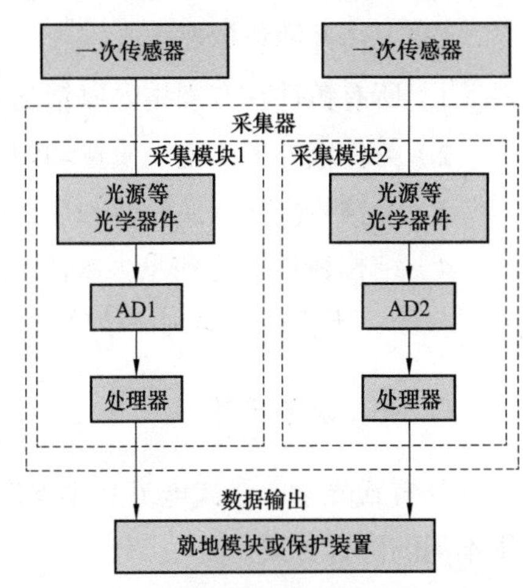

图 C-8　双套采集模块实现双 AD 功能的配置示意图（非双重化）

3）拖尾电流。一次电流切断 5ms 后，保护通道输出数据一个频率内的有效值不超过额定电流的 3%。

4）输出直流分量（零偏）。输出电流直流分量有效值不应超过 20A，且不应超过额定电流的 2%。

（8）施工工艺的可靠性要求。应有完善的设计及施工方案，有效增强抗干扰能力，其他电气设备检修或施工等操作应不影响本套设备正常运行。

（9）设备、部件制造中使用的材料整体要求。

1）所选用的材料应是全新、优质、无缺陷和无损伤的；

2）种类、成分、物理性能应结合相应的设备、部件的用途，按最佳的工程实践选取；

3）材料应符合本条件书以及其他相关规范标准所列的类型、技术规范和等级或与之等效；

4）材料的详细规范，包括等级、牌号、类别均应在制造厂提供审查的详图中表示出来。

（10）零部件加工的整体要求。

1）所有零部件均应符合规定尺寸并遵照核准图纸加工，可互换的零部件应具有互换性；

2）所有结合面、基准面和金属部件均应精加工，并在图纸上标明加工等级代号；

3）所有螺栓、螺帽和管件螺纹应符合“国际标准化组织”相关标准和国际计量规格的规定。

（11）铸件的整体要求。

1）所有铸件在有螺帽处要精加工整平；

2）铸件应外形工整、质量均匀、形态一致，无夹渣、裂纹等缺陷；

3）结构铸件在变换界面的部位应配置构造上容许的最大限度的加强筋；

4）结构铸件上存在重大缺陷或在关键部位上出现过量的杂质或合金分凝应予以报废，不得进行修理、填堵和施焊。

C.3.5 配置要求

外置式光学电子式电流互感器应用于变电站的线路间隔及主变压器间隔，采用不同的配置方案。

（1）保护装置单套配置。每相配置1台电流互感器，每台互感器中一次传感器、采集器宜均配置1台；如需支持输电线路故障行波测距功能，宜增配独立的采集模块或采集器。

（2）保护装置双套配置。每相配置1台电流互感器，每台互感器中一次传感器、采集器均按双重化要求配置2台。

C.4 主要部件

C.4.1 一次传感器

C.4.1.1 功能要求

外置式光学电子式电流互感器的一次传感器基于Faraday磁光效应，通过偏振光相位或光强的变化感应一次电流产生的磁场。

一次传感器包括传感元件及其配套的支撑及防护壳体。

一次传感器位于地电位，固定于设备的壳体外，无需配置绝缘构件及一次电流导杆，一次传感器可以根据工程需求进行多配，并封装在同一个壳体内，典型结构示意图见图C-1、图C-2。

C.4.1.2 技术要求

（1）一次传感器的使用年限应不低于30年。

（2）一次传感器应对传感元件及材料提供合理的保护，不因振动或应力等原因导致输出数据异常或元件损坏。

（3）一次传感器应具有良好的温度性能，每套一次传感器出厂前均应进行单独的温度性能测试。

（4）一次传感器应具有良好的抗电磁干扰能力，不因隔离开关、断路器操作产生异常数据输出，不受邻相电流的影响。

（5）全光纤式一次传感器中传感光纤应选用偏振保持性能较强且温度特性、抗弯曲特性稳定的光纤。

（6）全光纤式一次传感器中波片与反射镜的空间位置应靠近，形成较为严格的闭合环路结构，实现较强的抗外界电磁干扰能力。

（7）晶体光阀式一次传感器中晶体光阀应放置于截面积适当的匀磁环内，且光阀对称分布，通过正反光路消除共模干扰，实现较强的抗外界电磁干扰。

（8）晶体光阀式一次传感器中应增加光学标尺，通过实时校正的方法消除环境因素的影响。

（9）磁光玻璃式一次传感器中应分布式多光路布置方案，消除共模干扰。

（10）一次传感器内的光学器件及传输光缆的连接均应采用熔接方式，没有接插件和胶黏接器件。

（11）一次传感器的封装材料应采用非磁性材料，金属零部件应防锈、防腐蚀。

（12）一次传感器应为防水结构，有良好的密封性能，满足 IP65 防护等级，并对光纤有适宜的保护措施，有效防止光纤受潮、受腐蚀或受损。

（13）一次传感器的封装结构应有合理的防环流隔离措施，多套安装的一次传感器间应有合理的防环流隔离措施。

（14）一次传感器安装位置处，设备壳体应采取合理措施，防止感应电流穿越一次传感器，影响测量精度。

（15）一次传感器应有合理的安装方式，不能影响原有电气设备的绝缘性能。

（16）进、出线套管处的一次传感器安装于套管升高座或法兰外侧，其最大高度应低于升高座及法兰高度。

C.4.1.3　装置接口

（1）一次传感器以光纤输出信号，其中全光纤式采用保偏光纤。

（2）一次传感器输出光纤以熔接方式与传输光缆连接。

C.4.2　壳体

C.4.2.1　功能要求

壳体为一次传感器提供支撑及防护。

C.4.2.2　技术要求

（1）壳体应结构简单、易于安装调整、维护检修安全方便，金属零部件应防锈、防腐蚀，钢制件应热镀锌处理，螺纹连接部分应防锈、防松动和电腐蚀。

（2）壳体应能对一次传感器提供必要的防护，防止一次传感器因外力、振动、雨水等原因受损。

（3）对因壳体结构特殊造成的易积水部位,应设计不易积淤的排水槽或排水孔。

（4）壳体的结构应能防止在雨水、污垢等条件下形成双端导通，导致一次电流的分流。

（5）壳体上应有鲜明的P1、P2标志。

C.4.3　传输光缆

C.4.3.1　功能要求

电流传输光缆将一次传感器的光信号传输至电流采集模块，一根光缆通常有数根纤芯。

C.4.3.2　技术要求

（1）传输光缆按相配置，每相配置一根或两根传输光缆，并可根据一次传感器的数量配置纤芯数量，另有1~3芯备用。

（2）户外传输光缆在铺放的全程中需有铠装或金属波纹管保护。

（3）光缆应具有防止啮齿类动物破坏的保护。

（4）传输光缆应布线整齐，在两端做好光缆编号及标记，传输光缆两端应预留适当长度。

（5）光缆铺设时不应有急弯，其转弯半径需不小于100mm；光缆在柜内铺设时需满足智能变电站的屏柜内布线规范。

（6）光缆内有纤芯损坏时，可启用备用芯并重新熔接光纤，相关操作应在供应商人员指导下进行；若备用芯无法解决问题，需整体更换传输光缆，更换光缆相关操作需在供应商人员指导下进行。

（7）若互感器的一次传感器为全光纤式，传输光缆需选用保偏光纤，光缆与一次传感器、电流采集模块的接口宜采用光纤熔接的方式。

（8）一次传感器为晶体光阀式，传输光缆与一次传感器的接口采用熔接的方式，与采集器的接口光纤采用法兰连接方式。

（9）一次传感器为磁光玻璃式，传输光缆与一次传感器的接口采用航空连接器或熔接方式，与采集器的接口光纤采用航空连接器或法兰连接方式；

（10）现场光纤熔接应在浮尘较少的环境下进行，且满足下列环境要求：

1）环境湿度不大于80%（RH）；

2）环境温度不低于 0℃；

3）风速不大于 5.4m/s。

如环境不满足要求，应营造满足上述要求的局部环境进行熔接操作。

C.4.3.3　装置接口

电流传输光缆与采集器的输入光纤以熔接方式进行连接，熔接点放置在光纤终端盒中。

C.4.4　户外挂箱（如有）

C.4.4.1　功能要求

户外挂箱用于放置采集器。

C.4.4.2　技术要求

（1）每相可配置一个户外挂箱，每个户外挂箱内可放置多台采集器。多套采集器间应有合理的隔离防误碰触结构设计，每台采集器的运维过程不影响其他采集器的运行。

（2）户外挂箱通常通过 U 型抱箍挂装于支柱式互感器的支架上，如图 C–9 所示。挂箱中心位置悬挂高度宜为 1.5m。

（3）户外挂箱内设备应采用嵌入式或半嵌入式安装和背后接线。

（4）箱体应采用加厚的不锈钢外壳，选用双层密封结构，满足 IP65 防护等级。

（5）挂箱的光缆及电缆锁紧接头置于户外挂箱底部，并进行合理的密封设计。

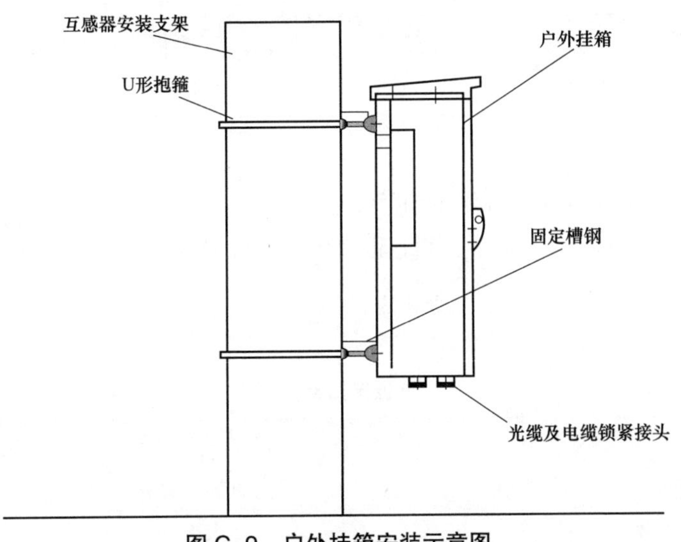

图 C–9　户外挂箱安装示意图

（6）户外挂箱应有合理的散热设计，需确保采集器正常运行。

（7）箱内导线应无划痕和损伤。所有连接于端子排的内部配线，应以标志条和有标志的线套加以识别。

C.4.5 采集器

C.4.5.1 功能要求

采集器一方面为一次传感器提供满足需求的光信号，另一方面接收并解析一次传感器返回的光信号，计算出一次电流值并通过光纤以规定的协议进行输出。

C.4.5.2 技术要求

（1）使用年限。采集器的使用年限应不低于10年。

（2）配置。一台采集器内可配置不止一个采集模块。

采集模块宜采用便于维护的插拔式结构，以插件方式配置在采集器中，互感器数据可以通过采集器统一输出。

（3）安装位置。采集器布置于户外柜、间隔汇控柜或户外挂箱中，便于实现不停电更换。

（4）标准化设计。采集器采用模块化设计，输出接口统一，可整体更换，便于运维。

（5）IP防护等级。装置的防护等级应满足表C–5要求。

表C–5　　外壳各部分防护要求

部位	面板	侧板	上下底板	背板
防护等级	≥IP54	≥IP30	≥IP30	≥IP20

采集器中所有板卡均需有三防措施。

（6）装置电源。采集器采用直流110V/220V电源供电。电源接口参数如表C–6所示。

表C–6　　电源接口参数

额定电压	DC 220V/DC110V
允许偏差	–20%～+15%
纹波系数	不大于5%

采集器的电源模块应为满足现场运行环境的工业级产品，电源端口必须设置过电压保护或浪涌保护器件。

（7）状态监测。采集器应具有完善的自诊断功能，能判断装置异常状态，并置数据无效标志，应能保证在电源中断、电源电压异常、采集模块异常、通信中断、通信异常、装置内部异常等情况下不误输出；能输出自检信息，包括采集模块状态、电源状态、故障信息等信号输出；采样数据的品质标志应实时反映自检状态，不应附加延时或展宽。

采集器宜具备主动告警功能，在装置尚能正常运行且装置状态有变坏趋势时，监测到关键状态量接近无效阈值前主动发出告警，便于用户提前安排运维措施。

全光纤一次传感器对应的采集器中，若通过单套采集模块实现双 AD 功能，需有完善的监控及告警措施，避免因共用光学器件运行异常或受干扰导致双 AD 输出数据同时异常，引起保护误动或拒动。

（8）断电重启要求。采集器因电源中断造成输出中止的特定情况下，数字量输出应为无效；随着采集器电源恢复，互感器应自动恢复运行。

（9）采样率要求。为降低采样延时，提高采样品质，采集器应以 12.8kSa/s 的采样率实时输出数据。

（10）行波测距应用要求（如有）。为满足行波测距需求，采集器需有至少 1MHz 以上的采样能力，并具有波形记录及上传功能，采样保持时间故障前 5ms、故障后 10ms，传输数据格式为 COMTRADE 格式；采集器需进行对时，对时接口宜采用光 B 码或 IEEE1588，对时精度优于 1μs；采用光纤以太网传输数据。

行波测距所需的采样功能宜通过独立的采集器实现，也可集成到原有采集器中。

（11）接地及产品安全设计。采集器的不带电金属部分应在电气上连成一体，并具备可靠接地点，接地端子旁需标有明显的接地符号。

采集器应有安全标志，安全标志应符合 GB 16836 中第 5.7.5、5.7.6 条的规定。

（12）防锈蚀。采集器金属结构件应有防锈蚀措施。

（13）空气开关及电源电缆。

1）采集器应配置独立直流空气开关直流空气开关通常安装于间隔汇控柜中。

2）电源电缆一侧与采集器连接，另一侧与户外挂箱内直流空开连接，为采集器提供直流电源。

3）户外传输电缆需有铠装或波纹管保护，在铺放的过程中需穿管。

4）电源接线严禁线芯外露，应能防止误触电。接线电缆布置整齐，无松动、无损坏。

C.4.5.3 装置接口

采集器通过光纤输出电流数据。

保护及测控自动化用采集器提供数字化实时采样数据，行波测距用采集器提供暂态录波文件，分别采用不同的输出接口。

C.4.5.3.1 采集器与保护及测控自动化设备的通信接口

表 C-7 采集器数据输出接口

端口数量	≥4
光纤类型	62.5/125μm 多模光纤
工作波长（nm）	1310
传输距离（m）	小于 1000
接口类型	LC
数据采样率（kSa/s）	12.8
数据传输速率（Mbit/s）	100
通道抗干扰	通道之间采用隔离措施保证无串扰
光纤冗余备用	≥ 1

注 对于电流互感器，可按采集模块配置光口，每个采集模块配置不小于 4 个光口，每个光口可输出双 AD 或单 AD 数据。

（1）物理接口。采集器数据输出接口如表 C-7 所示。

（2）通信协议。互感器与就地模块之间的数据传输协议应标准、统一。

互感器输出数据采用 IEC 61850-9-2LE 标准，报文中 APDU 中包含的 ASDU 数目应配置为 1，数据集定义如表 C-8、表 C-9 所示。

表 C-8 数据集（三相电流电压）定义

数据集	长度（位）	定义	备注
额定延时	16	额定延时	采集器额定延迟时间
数据类型	16		单相电流单 AD、单相电流双 AD、单相电压、单相电流电压、三相电流、三相电压、三相电流电压
额定电流	16		无额定电流时填“1”
额定电压	16		单相电流、三相电流时填“1”

续表

<table>
<tr><th>数据集</th><th colspan="2">长度（位）</th><th>定义</th><th>备注</th></tr>
<tr><td rowspan="18">采样值</td><td colspan="2">32</td><td>保护电流 A1</td><td rowspan="12">Int32，bit31 符号位，1 I_{sb}=1mA；单相电流时只填保护电流 A1、保护电流 A2 和测量电流 A</td></tr>
<tr><td rowspan="3">32</td><td>16</td><td>保护电流 A1 状态字（定义见表 9）</td></tr>
<tr><td>8</td><td>状态序列号（用于状态监测量分时上送）</td></tr>
<tr><td>8</td><td>状态监测量</td></tr>
<tr><td colspan="2">64</td><td>保护电流 A2（包括品质位）</td></tr>
<tr><td colspan="2">64</td><td>测量电流 A（包括品质位）</td></tr>
<tr><td colspan="2">64</td><td>保护电流 B1（包括品质位）</td></tr>
<tr><td colspan="2">64</td><td>保护电流 B2（包括品质位）</td></tr>
<tr><td colspan="2">64</td><td>测量电流 B（包括品质位）</td></tr>
<tr><td colspan="2">64</td><td>保护电流 C1（包括品质位）</td></tr>
<tr><td colspan="2">64</td><td>保护电流 C2（包括品质位）</td></tr>
<tr><td colspan="2">64</td><td>测量电流 C（包括品质位）</td></tr>
<tr><td colspan="2">64</td><td>保护电压 A1（包括品质位）</td><td rowspan="6">Int32，bit31 符号位，1 I_{sb}=10mV；单相电压时只填保护电压 A1、保护电压 A2</td></tr>
<tr><td colspan="2">64</td><td>保护电压 A2（包括品质位）</td></tr>
<tr><td colspan="2">64</td><td>保护电压 B1（包括品质位）</td></tr>
<tr><td colspan="2">64</td><td>保护电压 B2（包括品质位）</td></tr>
<tr><td colspan="2">64</td><td>保护电压 C1（包括品质位）</td></tr>
<tr><td colspan="2">64</td><td>保护电压 C2（包括品质位）</td></tr>
</table>

表 C-9　　状态字定义（示例）

<table>
<tr><th>bit15</th><th>bit14</th><th>bit13</th><th>bit12</th></tr>
<tr><td>数据状态</td><td>装置电源异常</td><td>模拟电源异常</td><td>数字电源异常</td></tr>
<tr><td>bit11</td><td>bit10</td><td>bit9</td><td>bit8</td></tr>
<tr><td>AD 采样异常</td><td>光路异常</td><td>光源异常</td><td>采集器温度异常</td></tr>
<tr><td>bit7</td><td>bit6</td><td>bit5</td><td>bit4</td></tr>
<tr><td>备用</td><td>备用</td><td>备用</td><td>备用</td></tr>
<tr><td>bit3</td><td>bit2</td><td>bit1</td><td>bit0</td></tr>
<tr><td>备用</td><td>备用</td><td>备用</td><td>备用</td></tr>
<tr><td colspan="4">“0”：状态正常或无该状态监测，“1”：状态异常</td></tr>
</table>

C.4.5.3.2　采集器与行波测距子站的通信接口（如有）

行波测距用采集器通过变电站站控层网络方式输出数据到行波测距子站，数据以文件方式传输，接口如表 C-10 所示。

表 C-10　　采集器和行波测距子站之间的接口（如有）

传输介质	光纤以太网
端口数量	1
光纤类型	62.5/125μm 多模光纤
工作波长（nm）	1310
传输距离（m）	小于 1000
接口类型	LC
数据传输速率（Mbit/s）	1000
文件格式	COMTRADE
录波时长（ms）	故障前 5，故障后 10

C.4.6　电子式互感器就地模块

C.4.6.1　功能要求

电子式互感器电流电压就地模块通过光纤接收本间隔电子式互感器采集器输出的电流、电压及告警信号，将其进行合并及差值同步，然后按照 IEC 61850 协议由光纤传输至相应的测控、计量单元上。

（1）适用于各电压等级的电子式电压、电流互感器的线路、母联、分段、桥、主变压器各侧（不含间隙零序）等间隔，安装于间隔汇控柜。

（2）应具备 3 路电压、6 路电流的数字量接入功能，宜采用 IEC 61850-9-2 数据格式接入，输入的采样频率为 12.8kSa/s。

（3）采集的模拟量数据转换为实际二次值 $\times 10^4$ 数字量输出，输出采样频率为 4kSa/s。

（4）应具备检修软压板功能，检修压板的操作在站内操作员工作站或调度工作站完成，通过测控子机下发开关量控制命令，工作站与测控子机的控制命令应采用增强安全的操作前选择控制模式。当检修投入时，上送报文中置检修位。

（5）应具备 2 路冗余的光纤接口，实现母线电压的级联功能，并实现自动切换功能。

（6）应具备根据所在母线的隔离开关位置，自动切换母线电压。

（7）应具备 2 路光纤网口，与其他就地模块首尾连接组成 HSR 环，HSR 通信报文的应用层数据采用 DL/T 860.92（IEC 61850-9-2）规定的模拟量报文及 DL/T 860.92（IEC 61850-8-1）规定的开关量报文格式输出信息至 HSR 环并从环内接收开关量控制命令，输出及输入信息见表 C-11~ 表 C-15。

表 C-11　开关量接收信号

序号	信号名称	备注
1	检修压板	—

表 C-12　开关量输出信号

序号	信号名称	备注
1	自检信息 1	—
2	自检信息 2	—
…		

表 C-13　母线电压模拟量输入信号

序号	信号名称	备注
1	$U_{\mathrm{I}a}$	—
2	$U_{\mathrm{I}b}$	—
3	$U_{\mathrm{I}c}$	
4	$U_{\mathrm{II}a}$	
5	$U_{\mathrm{II}b}$	
6	$U_{\mathrm{II}c}$	
7	$U_{\mathrm{III}a}$	
8	$U_{\mathrm{III}b}$	
9	$U_{\mathrm{III}c}$	

表 C-14　线路电压电流输入信号

序号	信号名称	备注
1	U_a	—
2	U_b	—
3	U_c	
4	I_{a1}	
5	I_{a2}	
6	I_{b1}	
7	I_{b2}	
8	I_{c1}	
9	I_{c2}	

表 C-15　　模拟量输出信号

序号	信号名称	备注
1	U_a	—
2	U_b	—
3	U_c	
4	U_X	
5	I_{a1}	
6	I_{a2}	
7	I_{b1}	
8	I_{b2}	
9	I_{c1}	
10	I_{c2}	

（8）应具备守时功能。

（9）应具备完善的自检功能，包含且不限于程序自检、电源自检、内部温度采集、光纤网口光强监视、网口断链、光纤串口光强监视、光纤串口中断等自检功能。

C.4.6.2　规格尺寸

连接器线芯规格及数量如表 C-16 所示。

表 C-16　　电压电流就地模块连接器表

序号	项目	电源	光纤口1（HSR）	光纤口2（HSR）	光纤口3~4（级联）	光纤口5~8（数据接收）
1	导线截面积（mm^2）	1.5	芯径：多模 62.5μm	芯径：多模 62.5μm	芯径：多模 62.5μm	芯径：多模 62.5μm
2	连接器芯数	2	2	2	2	2

C.4.6.3　技术要求

（1）配置方案：

1）互感器非双重化配置时，每个间隔配置 1 台测控用电压电流就地模块，采集电流数据；

2）互感器双重化配置时，互感器分别输出 A、B 套数据，每个间隔只配置 1 台测控用电压电流就地模块，采集 A 套电流数据；

3）如互感器数据经就地模块输出至保护装置，则每个间隔配置 1 台保护用就地模块（非双重化）或 2 台保护用就地模块（双重化）。

（2）时间性能参数：

1）装置对时精度不大于 ±1μs；

2）装置采样响应时间不大于 1ms；

3）输出采样值发布离散值不大于 10μs；

4）在失去同步时钟信号 1min 以内的守时误差应小于 4μs。

（3）功率消耗：直流电源回路：当正常工作时，装置功率消耗不大于 20W。

C.4.6.4　装置接口

（1）与电子式电压电流互感器的接口。

1）采用光纤接入电压 U_a、U_b、U_c；

2）测量电流 I_{a1}、I_{a2}、I_{b1}、I_{b2}、I_{c1}、I_{c2}；

（2）与母线电压就地模块的接口。

1）采用光纤级联母线电压就地模块的Ⅰ母电压 U_a、U_b、U_c；Ⅱ母电压 U_a、U_b、U_c；Ⅲ母电压 U_a、U_b、U_c；

2）当间隔分布在Ⅰ母和Ⅱ母时，取Ⅰ母、Ⅱ母电压，当间隔分布在Ⅱ母、Ⅲ母时，取Ⅱ母、Ⅲ母电压。

（3）与 HSR 环其他就地模块或装置的接口。采用两路光纤接口连接至 HSR 环，通过 HSR 环传输电压、电流互感器数据、就地模块自检等信息至测控子机，并接收测控子机下发的控制命令。

（4）与间隔隔离开关的接口。通过 HSR 环接收间隔隔离开关位置信息，实现电压切换功能

C.5　一 次 接 口

外置式光学电子式电流互感器无一次接口。

C.6　二 次 接 口

二次接口标准主要指就地模块或采集器的输出接口标准。

C.6.1　二次接线拓扑图

非双重化配置条件下，外置式光学电子式电流互感器的二次系统接线拓扑如图 C–10 所示。

C.6.2　与外部系统接口

C.6.2.1　与测控等自动化系统接口

通过就地模块接入间隔 HSR 环网与测控、计量、PMU、电能质量等自动化

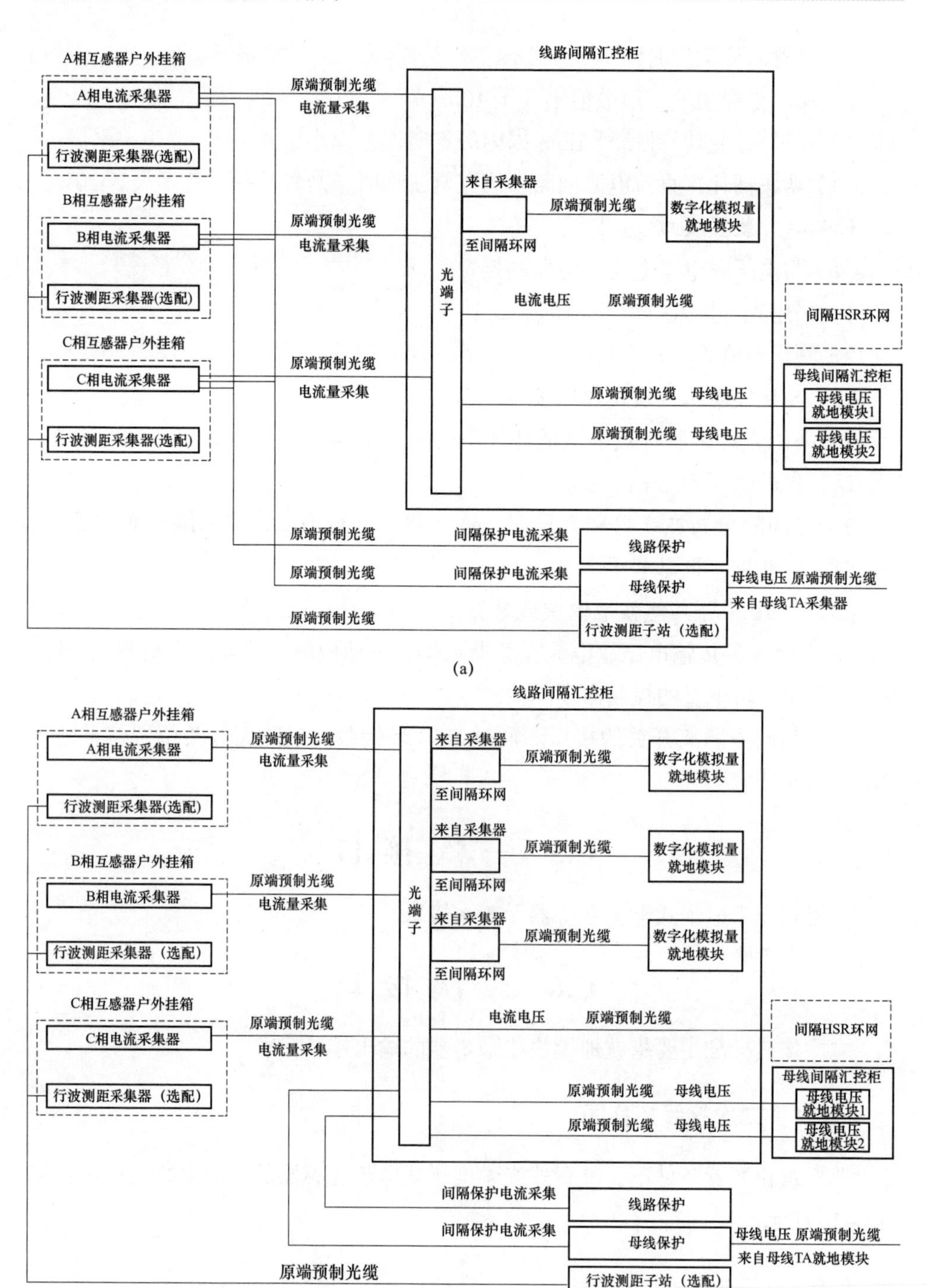

图 C-10 电子式互感器二次接线拓扑图

(a) 采集器与保护直连；(b) 采集器通过就地模块与保护连接

系统接口，按照IEC 61850–9–2协议上送，就地模块输出信号见IEC 61850–9–2中7.6.1。

C.6.2.2 与保护系统接口

电子式互感器采集模块分别独立接入线路保护、母线保护，保证各子系统运维时不影响其他功能。工程中采集器接入保护支持两个方案。

方案1：采集器直接接入保护系统，按照IEC 61850–9–2协议上送，采集器输出信号见IEC 61850–9–2中7.5.3.1。

方案2：采集器经就地模块接入保护系统，就地模块通过HSR网口输出数据至保护装置，就地模块输出信号见7.6.1。

C.7 土建接口

外置式光学电子式电流互感器无土建接口。

C.8 试验

例行试验：每台设备出厂前由制造厂进行的试验，全部试验合格后，方可允许出厂。

型式试验：制造厂首次设计新型号产品或产品设计重大变更时，选取一台有代表性的产品所开展的试验，以证明被代表的产品符合规定要求（例行试验项目除外）。制造厂应提供型式试验合格的产品。

特殊试验：除型式试验和例行试验外，按制造厂与用户协议所进行的试验。对电子式互感器，性能试验属于必做的特殊试验。

交接试验：由现场具有资质的检测单位在互感器正式投运前进行。

C.8.1 例行试验

对外置式光学电子式电流互感器，应提供出厂试验报告。试验应符合GB/T 20840.1—2010和GB/T 20840.8—2007所规定的试验项目、试验方法和试验步骤。例行试验项目包括（但不限于此）：

（1）外观检查；

（2）极性检查和端子标志校核；

（3）低压器件的耐压试验；

（4）准确度试验；

（5）额定延时测试。

C.8.2　型式试验

外置式光学电子式电流互感器应送往有资质的检验单位进行型式试验，试验应符合 GB/T 20840.1—2010 和 GB/T 20840.8—2007 所规定的试验项目、试验方法和试验步骤。型式试验的项目应包括（但不限于此）：

（1）温升试验；

（2）低压器件的耐压试验；

（3）电磁兼容的发射试验；

（4）电磁兼容的抗扰度试验；

（5）准确度试验；

（6）保护用电子式电流互感器补充试验；

（7）防护等级试验；

（8）密封性试验（如果有）；

（9）振动试验；

（10）数字量输出的补充型式试验。

C.8.3　性能检测试验

外置式光学电子式电流互感器应送往有资质的检验单位进行性能检测试验，试验应符合《国家电网公司电子式互感器性能检测方案（2014）》所规定的试验项目、试验方法和试验步骤，性能检测试验可以与型式试验合并进行。性能检测试验的项目应包括（但不限于此）：

（1）基本准确度测试；

（2）温度准确度试验；

（3）模块更换的准确度试验；

（4）复合误差试验；

（5）电磁兼容的发射测试；

（6）电磁兼容的抗扰度测试；

（7）一次部件的振动测试；

（8）隔离开关分合容性小电流条件下的抗扰度测试；

（9）可靠性评估；

（10）采集装置报文检验；

（11）基本准确度测试（复试）；

（12）双 AD 独立性测试；

（13）双 AD 一致性测试；

（14）额定延时测试；

（15）拖尾电流测试；

（16）输出直流分量测试。

C.8.4　交接试验

外置式光学电子式电流互感器应接受以下现场交接试验（但不限于此）：

（1）外观、标志检查；

（2）接线组别和极性检查；

（3）一次端子的工频耐压试验；

（4）准确度试验。

交接试验所用必要设备（包括升流器、标准电流互感器、电子式互感器校验仪等）需由业主方配备。

附录D 电子式互感器术语和定义

罗氏线圈电子式电流互感器（rogowski coil electronic current transformer）

一种电子式电流互感器，其一次电流传感器基于电磁感应原理，采用罗氏线圈，或采用罗氏线圈与低功率线圈共同实现。

光学电子式电流互感器（optical electronic current transformer）

一种电子式电流互感器，其一次电流传感器基于Faraday磁光效应原理，采用全光纤线圈、晶体光阀、磁光玻璃等光学传感元件实现。

电容分压电子式电压互感器（capacitive voltage dividing electronic voltage transformer）

一种电子式电压互感器，其一次电压传感器基于电容分压原理，采用分压电容环、同轴电容器、叠装电容器等方式实现。

光学电子式电压互感器（optical electronic voltage transformer）

一种电子式电压互感器，一次电压传感器基于Pockels电光效应原理，采用BGO晶体等光学传感元件实现。

罗氏线圈与电容分压电子式电流电压组合互感器（rogowski coil and capacitor voltage divider electronic current and voltage combination transformer）

一种电子式电流电压组合互感器，由罗氏线圈电子式电流互感器与电容分压电子式电压互感器组合而成，采用一体化绝缘结构。

光学电流与电容分压电子式电流电压组合互感器（optical current and capacitive voltage dividing electronic current and voltage combined transformers）

一种电子式电流电压组合互感器，由光学电子式电流互感器与电容分压电子式电压互感器组合而成，采用一体化绝缘结构。

光学电子式电流电压组合互感器（optical electronic current and voltage combined transformers）

一种电子式电流电压组合互感器，一次电流传感器采用 Faraday 磁光效应原理，一次电压传感器采用 Pockels 电光效应原理。

一次传感器（primary sensor）

一种设备，包括一次电流传感器和一次电压传感器，采用电气或光学方法，产生与一次端子上载荷的电流或电压相对应的信号，传送给采集模块。

采集模块（acquisition module）

一种模块，接收并处理一次传感器输出的电信号或光信号，并输出与一次电流、电压成正比的数字信号。

采集器（collector）

一种装置，由一个或多个采集模块组成，接收并处理一次传感器输出的电信号或光信号，实现数据统一管理和数字信号输出。

模块化（modular）

电子式互感器由数个独立模块构成，各模块功能独立、接口标准，模块更换不影响系统功能和指标。

不停电运维（uninterruptible power supply and maintenance）

电子式互感器支持在一次设备不停电的情况下，维护采集模块或采集器等部件的操作。